中等卫生职业
供医学检验技术专业用

基层医院检验仪器使用与维护

主　审　刘康海

主　编　韦　红　朱荣富

副主编　钟芝兰　王红梅　李　庆

编　者　（以姓氏笔画为序）
王红梅（桂林市卫生学校）
韦　红（广西医科大学附设玉林卫生学校）
韦雨含（河池市卫生学校）
朱荣富（广西医科大学附设玉林卫生学校）
许潘健（广西医科大学附设玉林卫生学校）
李　庆（北海市卫生学校）
杨曾瑜（玉林市妇幼保健院）
吴　妮（梧州市卫生学校）
吴博文（玉林市第一人民医院）
何　秀（广西医科大学附设玉林卫生学校）
陈惠业（广西医科大学附设玉林卫生学校）
罗　金（玉林市第二人民医院）
罗心贤（广西医科大学附设玉林卫生学校）
钟芝兰（广西医科大学附设玉林卫生学校）
梁航华（广西医科大学附设玉林卫生学校）
蓝柳萍（广西医科大学附设玉林卫生学校）

人民卫生出版社
·北　京·

图书在版编目（CIP）数据

基层医院检验仪器使用与维护 / 韦红，朱荣富主编
. 一北京：人民卫生出版社，2021.4
ISBN 978-7-117-31425-1

Ⅰ.①基…　Ⅱ.①韦…　②朱…　Ⅲ.①医用分析仪器
-使用-医学院校-教材②医用分析仪器-维修-医学院
校-教材　Ⅳ.①TH776

中国版本图书馆 CIP 数据核字（2021）第 056788 号

人卫智网	www.ipmph.com	医学教育、学术、考试、健康，购书智慧智能综合服务平台
人卫官网	www.pmph.com	人卫官方资讯发布平台

基层医院检验仪器使用与维护

Jiceng Yiyuan Jianyan Yiqi Shiyong yu Weihu

主　　编：韦　红　朱荣富
出版发行：人民卫生出版社（中继线 010-59780011）
地　　址：北京市朝阳区潘家园南里 19 号
邮　　编：100021
E - mail：pmph @ pmph.com
购书热线：010-59787592　010-59787584　010-65264830
印　　刷：北京机工印刷厂
经　　销：新华书店
开　　本：787×1092　1/16　印张：6　插页：1
字　　数：150 千字
版　　次：2021 年 4 月第 1 版
印　　次：2021 年 5 月第 1 次印刷
标准书号：ISBN 978-7-117-31425-1
定　　价：45.00 元

打击盗版举报电话：010-59787491　E-mail: WQ @ pmph.com
质量问题联系电话：010-59787234　E-mail: zhiliang @ pmph.com

前　言

　　《国家中长期教育改革和发展规划纲要（2010—2020年）》中指出，以就业为导向是职业教育发展的根本宗旨，是职业教育教学改革与办学方向。国务院2019年颁布的《国家职业教育改革实施方案》也强调职业教育的课程内容要与职业标准对接，教学过程要与生产过程对接。随着医学检验仪器设备在临床上被越来越广泛地使用，医学检验人员的仪器使用与维护能力已经成为医学检验工作的岗位能力。因此，在中职医学检验技术专业开设基层医院检验仪器使用与维护课程，具有重要的现实意义。

　　《基层医院检验仪器使用与维护》一书的编写力求准确把握本课程在中等医学检验技术专业教学中的地位和作用。根据检验专业的培养目标和工作面向，秉承"以就业为导向，以能力为本位"的职教理念，本着提升学生职业能力、增强毕业生就业竞争力及岗位胜任力的宗旨，遵循"学以致用"的编写原则，以"老师好教、学生好学、基层好用"为编写目标，针对基层医学检验工作的特点，以常用医学检验仪器为主线，集仪器的基本结构、工作原理、常见故障、使用与维护为一体，突出科学性、先进性、实用性，贴近行业、贴近岗位、贴近学生，内容包括常用实验室仪器、生化检验常用仪器、血液细胞分析仪等。课程结构和教学安排上遵循中职学生的认知心理和认知规律，在教材风格和编写体例上进行大胆创新，全书力求简洁明快、条理清晰、规范实用。

　　本书在编写过程中得到了编者所在单位领导的大力支持，同时参考了许多相关书籍与文献，凝结了各位作者的智慧及辛勤工作的结晶，在此一并致谢！

　　由于编者水平有限，疏漏和不妥之处在所难免，敬请兄弟院校的专家、同行和广大读者提出宝贵意见和建议！

韦　红　朱荣富

2021年3月

目　　录

第一章　绪论

学习目标

1. 掌握：仪器的基础性保养和特殊性保养。
2. 熟悉：医学检验仪器的特点及对医学检验工作的影响。
3. 了解：医学检验仪器的分类。

检验医学的进步推动了临床医学的发展，扩大了人们对疾病认知的深度和广度。医学检验技术已成为疾病诊断、治疗监测、预后判断和预防保健工作中不可或缺的重要手段。而检测仪器在医学检验分析中发挥的积极作用，有力地推动了检验医学不断发展。

第一节　医学检验仪器简介

随着科学技术在医学领域的广泛应用，特别是信息化技术的快速发展，医学检验仪器从无到有，从简单到先进。

一、医学检验仪器的特点

医学检验仪器品种繁多，其结构、性能及用途各不相同，但多属于较为精密的仪器，其主要特点：

考点提示：
医学检验仪器
的特点

1. 结构复杂　医用检验仪器多是集机械、电路、光学及电子信息技术等多学科融为一体的精密度比较高的仪器设备，涵盖的学科多，涉及的技术领域广，越先进的仪器其内部使用的元件就越多，结构就越复杂。

2. 功能强大　医用检验仪器的研发始终与社会科学技术的发展同步，特别是计算机技术的发展、新材料的问世、新元件的应用，有力推动了医学检验技术的发展，新的检测项目和分析方法层出不穷，许多手工无法完成的操作借助仪器得以实现，仪器在医学检验中体现出了强大的功能。

3. 操作简单　医用检验仪器的设计先进，自动化、程序化、实用化程度越来越高，操作流程日趋规范、简单。

4. 检测速度快　仪器分析主要采用自动化分析和信息化技术，广泛应用光、电、电子和机械学原理，从手工操作发展为自动化，从单一功能发展为多功能，从手写报告发展为液晶荧屏显示、自动打印及计算机联网，检测速度加快，从进样到报告结果所需的时间缩短，实现了检验过程的高效率。

5. 维护要求高　由于医用检验仪器具有以上特点以及其中某些关键元件的特殊性，决定了仪器在使用过程中对保养、维护的要求比较高。

二、医学检验仪器的分类

医学检验仪器品种繁多,根据其性质与用途,可分为以下几个类型。

1. **基础实验仪器** 指的是应用于医学检验方面最基本的仪器,如医用显微镜、移液器、恒温干燥箱、离心机等。

2. **临床检验仪器** 如血液、尿液、粪便检验分析仪器等。

3. **生物化学分析仪器** 如自动生化分析仪、电解质分析仪、血气分析仪、电泳仪等。

4. **微生物检验仪器** 如生物安全柜、自动血培养系统等。

5. **免疫分析仪器** 如酶免疫测定仪、化学发光免疫分析仪等。

三、仪器对医学检验工作的影响

1. **提高了检验效率** 随着各种医学检验仪器设备在血液学、体液学、临床化学、微生物学和免疫学等检验领域的广泛应用,医学检验已由仪器设备逐渐取代了传统的手工操作,现代化的全自动分析仪器可以同时进行数十项甚至上百项的常规和特殊项目检验,从标本接收到结果报告甚至资料分析实现了流水线和自动化,从进样到打印测试结果仅需数分钟甚至数秒就能完成。许多过去不能检出的物质,现在借助新型检验仪器也已经能对其进行定性或定量分析,测试结果也从单一的数据显示,发展为相关的数据统计分析和图像显示。现代检验仪器改变了医学检验传统的工作模式,增加了检验项目,大大缩短了检验时间,有效提高了检验工作的效率。

> 考点提示:
> 仪器对医学检验工作的影响

2. **提高了检验质量** 生物物理技术、光电信号转换技术的发展,特别是微处理技术的应用,促进了检验仪器在医学检验领域的普及,使检验工作日趋自动化、标准化和系统化,被测物质也从宏量到微量。运用仪器进行医学检测比传统的手工操作更精密、更准确,可完成一些手工根本无法做到的精密试验,显著减少了由于人为因素造成的检测结果差异,提高了测量结果的准确性,缩小了实验室间的误差,增加了实验室间的可比性,明显提高了检验质量。

3. **降低了检验成本** 医学检验的仪器化、自动化,减轻了工作人员的劳动强度,减少了劳动力,降低了人力成本;同时,仪器检测所需的化学试剂往往比人工操作检测要少很多,如生化检验手工法,一般需 1~2ml 试剂,而自动生化分析仪仅需 0.1~0.2ml。仪器检验使用的试剂微量化,降低了检验耗材成本。

4. **降低了职业风险** 仪器在医学检验的广泛使用,减少了实验室环境的污染,减少了操作人员接触样品、化学试剂的机会,很大程度上规避了潜在的健康危害,降低了工作人员的职业风险。

第二节　医学检验仪器保养

医学检验仪器往往是集机械、电路、光学及电子信息技术等多学科为一体的仪器设备,不管其结构设计如何先进合理,不管其使用功能如何齐全完备,在日常使用过程中都会因为各种原因或多或少出现一些故障。因此,在日常的使用过程中必须注意对仪器的保养,以减少仪器故障的发生,保证其能够正常使用,并延长仪器的使用年限。医学检验仪器的保养分为基础性保养和特殊性保养。

一、基础性保养

所谓基础性保养,就是适用于所有医学检验仪器设备的一些保养措施。主要包括以下

几个方面:

1. 环境方面 仪器的工作环境对其检验测量的结果及仪器本身的寿命都会产生举足轻重的影响,因此,要特别注意防潮、防热、防震和防干扰。

(1)防潮:要注意保持检验仪器的工作环境干燥、无潮湿。一是因为仪器中的零部件一旦受潮,就容易长霉受损;二是仪器的各种接插件受潮后也容易因氧化造成接触不良,这些都会影响仪器设备的正常运转。因此,必须根据具体情况对仪器操作间进行抽风除湿、及时更换干燥剂,清洁仪器设备时要用无水乙醇,对长期不用的仪器设备,应注意定期开机通电以去湿防潮。

(2)防热:适宜的温度有利于仪器的正常运行,实验室的温度条件应符合仪器的工作要求,一般认为 20~25℃为医学检验仪器设备的最佳工作温度。因此,一方面,在安置仪器时要远离热源,并避免阳光直接照射;另一方面,可以通过配置空调等恒温装置,以满足医学检验仪器设备的工作要求。

(3)防震:震动不但影响医用检验仪器的正常工作,导致测量结果出现误差;而且还有可能对仪器的某些精密元件造成损坏。因此,检验仪器应安放在平稳而牢固的工作台上,防止震动对其产生不良的影响。

(4)防蚀:保持实验室环境清洁,避免酸碱等腐蚀性物质污染仪器设备,以免腐蚀仪器的元件而影响其性能,甚至损坏整台仪器。

(5)防干扰:医学检验仪器要注意避免其受到强磁场、强电场等因素的干扰,有的仪器设备还要注意不要让其受到电扇或空调风等强对流空气的直吹。

2. 电路方面 电源要稳定,否则必须配置交流稳压电源,以保证仪器的安全运行和测试结果的准确性。在仪器设备的安装、调试和使用过程中要保证插头中的电线连接处于良好状态,避免因为插错插孔位置而导致仪器受损。另外,仪器设备必须接有可靠的地线,这不仅对检验仪器的性能有影响,更重要的是其直接影响到仪器操作者的人身安全。

3. 使用方面 仪器的使用人员在操作前必须认真阅读仪器说明书,并接受必要的专业培训,熟悉仪器的结构和性能,在工作中严格按照操作规程正确使用各种仪器设备,使其保持良好的运行状态;做多样品测量时,相关容器在每次使用后均应立即冲洗干净以保证样品测量结果的真实性。并按要求做好仪器使用、保养、维修情况记录,对仪器设备进行定期的检查与保养。

二、特殊性保养

医学检验仪器由于结构特点和工作原理的不同,有的需要采取一些个性化的措施进行特殊的保养。

> 考点提示:
> 仪器特殊性保养的要素

1. 避光 光电源、光电管、光电倍增管等一些光电转换元件,受到强光照射容易老化受损,缩短仪器的寿命、降低仪器的灵敏度,影响测量结果的准确性,因此在存放和工作时均应采取避光措施。

2. 除尘 对滤光片等光学元件,要用沾有无水乙醇的纱布进行擦拭清洁;对光路系统也要定期用小毛刷进行清扫除尘。

3. 稳压 仪器中的定标电池,最好每 6 个月检查一次,一旦发现电压不符合要求应该及时更换电池,以免影响测量结果的准确度。

4. 保洁 电极使用时要经常冲洗,注意保洁。长期不使用时应将电极取下浸泡保存,以防电极干裂、性能变差。

5. 润滑　仪器中机械传动装置的活动摩擦面要定期清洗并按要求加润滑油,以减小阻力运行及延缓磨损。

6. 校准　定量检测仪器在使用过程中需定期按有关规定进行检查与校准。经过维修后的仪器,也应进行校准后方可重新使用。

三、学习仪器保养与维修的意义

中职医学检验技术专业毕业生主要就业于基层医院检验科,基层医院检验仪器使用与维护课程正是立足于中职学生的就业层面,根据基层医院检验科的常规配置、常用品牌,分门别类地介绍各种常用检验仪器对工作环境的要求、日常养护及常见故障的维修技术,培养学生的仪器保养、维修能力,提高学生的职业素养。因此,学习医学检验仪器保养与维修的意义主要有以下几方面:

1. 优化专业知识结构　通过对基层医院常用仪器的结构、原理、保养及维修的系统学习,培养学生仪器保养与常见故障维修的技能,促进学生医学检验专业知识结构和能力结构的优化,使其更合理、更实用,使学生在以后的工作中不仅能有效避免不必要的故障发生,而且一旦仪器出现故障时,还能够对故障进行详细地观察、分析,确定故障原因并采取相应措施对仪器设备进行有效维修,尽快恢复机器的检测功能,保证检验结果的准确性和及时性,提高检验仪器设备的投资效益和服务效益,以满足基层医疗卫生机构对医学检验人才的实际需求。

2. 增强就业竞争实力　随着医学检验仪器设备在临床上被越来越广泛地使用,医学检验人员的仪器保养和维修能力,已经成为医学检验工作的岗位能力。基层医院检验科非常需要既具有扎实检验理论基础和娴熟操作技术,同时又具有仪器维修技能的复合型医学检验人才。因此,培养中职医学检验技术专业学生保养和处置医学检验仪器设备常见故障的意识及能力,可极大增强学生的综合职业能力和提升毕业生的就业竞争力及岗位胜任力。

3. 促进个人专业成长　目前基层医院的医学检验仪器设备维修人员奇缺,一旦仪器出现故障,一般都是由生产厂家的技术员上门提供专门的维修服务。由于距离、成本、人员等诸多原因,往往要等很长一段时间,这样势必会影响医院检验工作的正常开展,并间接影响到临床诊疗服务。一名既能操作又能检修仪器的复合型医学检验人才,一方面可以为仪器设备创造一个良好的工作环境,减少故障的发生,延长使用年限;另一方面又可以对简单、常见的故障进行检修,保障仪器设备的正常运行,也能促进个人的专业成长。

本章小结

随着仪器设备在医学检验领域的广泛应用,医学检验人员的仪器保养和维修能力已经成为医学检验工作的岗位能力。作为未来基层医疗卫生机构从业者的中职医学检验技术专业的学生,若具备根据仪器的特点对其进行保养与维修的能力,就会增强其就业竞争实力及岗位胜任力,必将促进其个人的专业成长。

目 标 测 试

单项选择题

1. 医学检验仪器的特点有

A. 结构简单   B. 功能强大   C. 检测速度慢

D. 维护要求低   E. 操作烦琐

2. 仪器对医学检验工作的影响

A. 提高了检验效率   B. 降低了检验质量   C. 提高了检验成本

D. 增加了职业风险   E. 测量误差比较大

3. 以下不属于仪器的基础性保养的是

A. 防潮   B. 校正   C. 防热

D. 防震   E. 防蚀

4. 仪器特殊性保养的要素不包括

A. 机械传动装置加润滑油   B. 定标电池的电压检查

C. 光电转换元件的避光   D. 避免仪器受到强磁场干扰

E. 电极保洁

5. 仪器中的定标电池,最好多长时间检查一次

A. 1 周   B. 1 个月   C. 半年

D. 1 年   E. 3 年

（韦 红）

第二章 常用实验室仪器

学习目标

1. 掌握：移液器、电热恒温水浴箱、离心机、电热干燥箱、光学显微镜、高压蒸汽灭菌器和生物安全柜的日常维护和常见故障排除。

2. 熟悉：移液器、电热恒温水浴箱、离心机、电热干燥箱、光学显微镜、高压蒸汽灭菌器和生物安全柜的使用方法。

3. 了解：移液器、电热恒温水浴箱、离心机、电热干燥箱、光学显微镜、高压蒸汽灭菌器和生物安全柜的工作原理和基本结构。

第一节　移　液　器

广义的移液器包括刻度吸管、滴定管、加样枪等。随着社会发展，加样枪方便实用的特点使其更受青睐。

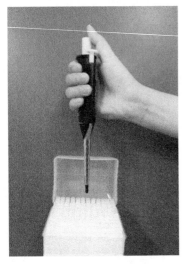

图2-1　移液器

移液器又称移液枪或加样枪，是一种用于定量转移液体的器具。在进行分析测试方面的研究时，一般采用移液器移取少量或微量的液体。根据原理不同，移液器可分为气体活塞式移液器和外置活塞式移液器。气体活塞式移液器主要用于标准移液；外置活塞式移液器主要用于处理易挥发、易腐蚀及黏稠等特殊液体。

一、移液器的工作原理与基本结构

（一）移液器的工作原理

移液器的工作原理是依据胡克定律：在一定的限度内活塞通过弹簧的伸缩运动来实现吸液和放液。在活塞推动下，排出部分空气，利用大气压吸入液体，再由活塞推动空气排出液体。使用移液器时，配合弹簧的伸缩性特点来操作，可以很好地控制移液的速度和力度（图2-1）。

> **知识链接**
>
> ### 胡 克 定 律
>
> 胡克定律，由R.胡克于1678年提出，是力学弹性理论中的一条基本定律。表述为固体材料受力之后，材料中的应力与应变（单位变形量）之间成线性关系。

（二）移液器的基本结构

移液器的基本结构由控制按钮（又称体积调节按钮）、枪头卸掉按钮、体积显示窗口、套筒、吸嘴、枪头（又称吸头）等部分构成（图2-2）。

1. 通用技术要求

（1）外观要求：移液器上应标有产品名称、型号、规格和出厂编号；移液器外壳塑料表面应平整、光滑，不得有明显的伤痕、裂纹、气泡和变形等现象。金属镀层表面应无脱落、锈蚀和起层。

（2）按钮：按钮上下移动灵活、分挡界限明显，在正确使用情况下不得有卡住现象。

（3）调节器：可调移液器在可调范围内调节器转动要灵活，容量指示数字要清晰完整。

（4）枪头：内壁应光洁、平滑，排液后不允许有明显的液体遗留。

（5）密合性：在0.04MPa压力下，5s内不得有漏气现象。

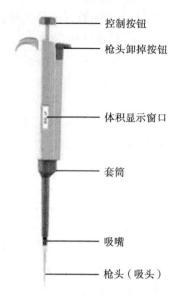

右侧标注（自上而下）：控制按钮、枪头卸掉按钮、体积显示窗口、套筒、吸嘴、枪头（吸头）

图2-2 移液器的结构图

2. 准确性检测

（1）量程小于1μl：建议使用分光光度法检测。将移液器调至目标体积，然后移取染料溶液，加入一定体积的蒸馏水中，测定溶液的稀释度（334nm或340nm），重复几次操作，取平均值来检测移液器的准确性。

（2）量程大于1μl：用称重法检测。通过对水的称重，转换成体积来鉴定移液器的准确性，如需进一步专业校准，必须在专业实验室内进行或由国家计量检测部门校准。

二、移液器的使用方法

1. 选择合适量程的移液器 每次使用移液器前，首先要根据加样要求，检查移液器量程范围，确认所要求的移液量在量程范围内。然后检查移液器状态，看是否损坏，在确定移液器可以正常使用的情况下，转动移液器顶部的操作按钮至所选定移液量，并确保移液量调整到位。

2. 选择合适的移液吸头 选择与移液器相匹配的移液吸头，并且保证移液吸头的规格必须包含本次实验所需移液的最大量程（如需要移液≤200μl的液体，就必须选择规格≥200μl的移液吸头）。

3. 吸液 移液器与之相匹配的移液吸头牢固连接，按下控制钮至第一挡；将移液器吸嘴浸入液面下约3mm，再缓慢松开控制按钮，使其复位；最后缓慢提出移液器。吸嘴外壁应无液体残留，确保吸液的准确性。

4. 排液 将吸嘴以一定角度抵住容器底部，缓慢按住控制钮至第一挡并等待无液体滴下后，将控制钮按至第二挡使吸嘴内液体完全排空，并继续按住控制钮，将吸嘴沿容器内壁向上拉，移出容器，放松控制按钮（注意以上操作需连贯进行，以防溶液倒吸，吸嘴内和吸头外壁均无液体残留）。最后，在污物缸上方对准污物缸，按枪头卸掉按钮，弹出吸头。

5. 移液器放置 使用完毕，将移液器显示数值调至最大量程，并垂直挂在移液器架上。

三、移液器的日常维护与常见故障排除

（一）移液器的日常维护

1. 移液器的保养

（1）用酒精棉球定期清洁移液器。主要擦拭手柄、弹射器及白套筒外部,既可以保持美观,又降低了样品污染可能性。若使用过程中发生污染应随时浸泡处理。

（2）在吸取高挥发、高腐蚀液体后,应将整支移液器拆开,用蒸馏水冲洗活塞杆及白套筒内壁,晾干后安装使用。以免挥发性气体长时间吸附于活塞杆表面,对活塞杆产生腐蚀,损坏移液器。

2. 移液器使用的注意事项

（1）使用完毕,可以将其竖直挂在移液枪架上,但要注意以免掉落。当移液器枪头有液体时,切勿将移液器水平放置或倒置,以免液体倒流腐蚀活塞弹簧。

（2）吸取液体时一定要缓慢平稳地松开拇指,绝不允许突然松开,以防溶液吸入过快而冲入取液器内腐蚀柱塞造成漏气。

（3）旋转到所需量程时,数字可清楚地显示在体积显示窗口中,注意所设量程必须在移液器量程范围内,不要超出最大量程,否则会卡住机械装置,损坏移液器。

（4）如不使用,要把移液枪的量程调至最大值刻度处,使弹簧处于松弛状态以保护弹簧。

> **考点提示:**
> 移液器使用的
> 注意事项

（5）使用时要检查是否有漏液现象。在吸取液体后悬空垂直放置几秒,看看液面是否下降。如果漏液,原因大致为:①枪头是否匹配。②弹簧活塞是否正常。③如果是易挥发液体（许多有机溶剂都如此）,则可能是饱和蒸汽压的问题,可以先吸放几次液体,然后再移液。

（二）移液器的常见故障排除

1. 移液器外观检查是移液器维护第一要点　按动排放按钮,感觉是否顺畅,听是否有杂音,观察活塞杆是否有弯曲;旋转调节按钮,观察计数器读数是否有偏差。

2. 侧漏是移液器发生故障的主要问题　判断移液器是否有侧漏,需要做一个简单的测试:取一个透明的容器,装上水,将待测试移液器装上吸头,吸上水,将吸头浸入液面1~2mm,静待20s,观察吸头内部液面是否下降,如果下降了,则说明该移液器出现了漏气情况。此时需要查找故障原因:首先检查吸头安装是否到位,换掉吸头再次测试,以排除因吸头原因产生的漏气情况;接着检查套筒端口部分（即白色套筒与吸头接触的部分）是否有刮痕;然后再检查白色套筒与手柄之间的连接螺帽是否松动。如果这些情况都没有,就说明密封圈或活塞组件有损坏,需要工程师上门维修。

虽然移液器在日常实验中非常常见,几乎所有实验操作过程都会使用到移液器,但并不是每一个操作人员都能够正确使用。不正确地使用移液器不但会影响到实验结果的准确性,同时还会明显缩短移液器的使用寿命。因此,移液器的正确使用和维护就显得尤为重要。

第二节　电热恒温水浴箱

电热恒温水浴箱简称水浴箱(图 2-3),用于水浴恒温,以保持工作温度恒定。水浴箱使用的温度范围为室温至 99.9℃。

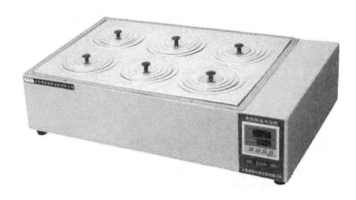

图 2-3　电热恒温水浴箱

一、电热恒温水浴箱的工作原理与基本结构

(一)电热恒温水浴箱的工作原理

电热恒温水浴箱用电热管加热,通过水传导热量,通过温度感应装置控制水温。当水温值低于预设温度下限值时,控制电路自动接通电源,启动电热管加热;当水温值达到预设温度上限值时,控制电路自动切断电源,电热管停止加热。如此循环工作,使水温始终处在恒定状态。

(二)电热恒温水浴箱的基本结构

电热恒温水浴箱主要由箱体、内胆、上盖、搁板、电热管、自动温控装置等组成。在工作室与外壳间均匀充填绝热材料。水浴箱前面板上有电源开关、调温键和指示灯等,其左下侧有放水阀门。

二、电热恒温水浴箱的使用方法

1. 将电热恒温水浴箱放在水平台面上。
2. 通电前,先检查电热管有无变形破损,若有,则不能使用。
3. 关闭水浴箱底部放水开关,向工作室内加纯水至适当深度,水位高于电热管。
4. 把电源软电线插头插入安全插座,闭合电源开关。
5. 用温控按键设定工作温度,当水温达到设定工作温度时,即可将装有内容物的容器放进水浴箱中水浴加热,并盖上盖子。
6. 在使用过程中,注意要经常检查水位,使水位始终保持在电热管以上适当位置,防止缺水干烧。
7. 使用结束后,先关闭仪器电源开关,再拔掉电线插头,最后放尽水浴箱内的水。

三、电热恒温水浴箱的日常维护与常见故障排除

(一)电热恒温水浴箱的日常维护

1. 保养或检修时,必须先拔掉电源插头,不能带电操作。

考点提示：
电热恒温水浴箱的日常维护及注意事项

2. 供电电源须与产品使用电源要求相一致。电源插座采用三孔插座，要有效接地线，且承受电流大于或等于加热回路电流要求。

3. 仪器使用前先加纯水，后通电，以防电热管损坏和危险事故发生。

4. 注水或使用过程中，不要将水溅入电器箱内，以防发生危险事故。

5. 使用时操作者不可长时间远离。工作结束后或遇到停电时，操作者必须关闭电源开关。

6. 使用频繁或长时间处在高温使用，应每隔3个月由电工人员检查一次电路连线有无老化现象，若连线老化应及时更换。

7. 为保证水浴箱水温的准确性，必须经常使用温度计测量水浴箱内水温，校准水浴箱。

8. 如果较长时间不使用，应将水浴箱内的水放干，并擦拭干净，保持箱内干燥，以免生锈。

（二）电热恒温水浴箱的常见故障排除

电热恒温水浴箱的常见故障现象及排除方法，见表2-1。

表 2-1　电热恒温水浴箱的常见故障及排除方法

故障现象	故障原因	排除方法
无电源	1. 打开开关，开关灯不亮，仪表无显示，为插头与插座接触不良或开关损坏	1. 检查插头、插座或换开关
	2. 开关灯亮，仪表无显示，为仪表损坏	2. 更换仪表
不升温	1. 设定温度低于水温	1. 调整设定温度
	2. 仪表或传感器损坏	2. 更换仪表或传感器
	3. 电热管损坏	3. 更换电热管
连续升温，失控	仪表失控或传感器短路	更换仪表或传感器
显示水温与实际水温相差太大	1. 仪表或传感器损坏	1. 更换仪表或传感器
	2. 测试时间过早，仪器尚未完全进入恒温状态	2. 参照仪器厂家的使用说明正确操作
	3. 测试方法或仪器使用不当	3. 参照仪器厂家的使用说明正确操作
	4. 进入内部参数修正状态，对SC进行修正	4. 参照仪器厂家的使用说明正确操作
仪表显示"LLL"	温度传感器开路	检查，更换温度传感器
仪表显示"HHH"	温度传感器短路	检查，更换温度传感器

第三节　离　心　机

离心机是应用离心沉降原理进行物质分离和沉淀的仪器，是分离血清、沉淀有形细胞、浓缩细菌、PCR等医学检验中必不可少的工具（可用于血液学、免疫学、微生物学、临床化学等检验项目）。广泛应用于生命科学研究和医学领域中。

一、离心机的工作原理与基本结构

（一）工作原理

离心是利用离心机转子高速旋转时产生了强大的离心力，加快液体中颗粒的沉降速度，把样品中不同沉降系数和浮力密度的物质分离开。颗粒的沉降速度取决于离心机的转速、颗粒的质量、大小和密度。

（二）基本结构

离心机主要由电动机、离心转盘（转头）、调速器、定时器、离心套管与底座等主要部件构成（图2-4）。

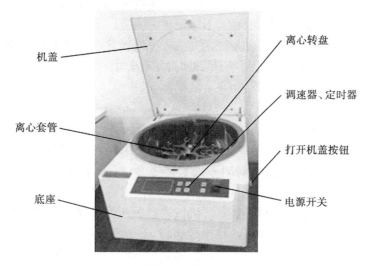

图2-4　离心机

二、离心机的使用方法

1. 开机　接通电源，打开仪器电源开关，离心机自检。

2. 打开机盖，平衡放入离心管，关上机盖（图2-5）。

3. 离心条件设定　通过按"定时设定键"和"设定确认键"以及按"转速设定键"和"设定确认键"分别设定离心的时间和转速。

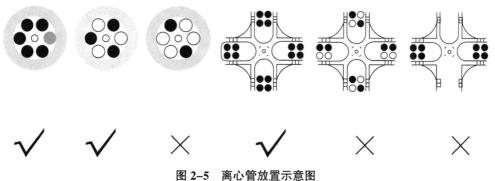

图2-5　离心管放置示意图

4. 运行　按"启动"键,离心机启动;当达到设定时间后,离心机自动停止,转速和时间变成"0",并发出提示音,即可打开离心机盖子,取出离心管,并盖好盖子。

5. 关机　离心完毕,关闭离心机电源。

三、离心机的日常维护与常见故障排除

(一)离心机的日常维护

离心机转速高,离心力大,使用不当或缺乏定期检修和保养都可能发生严重事故,因此使用离心机时必须严格遵守操作规程。

1. 离心机必须安放在坚固的台面,水平放置,底座橡皮四脚要紧贴台面,防止工作时发生震动。机箱周围留有一定空间,保持通风良好,并有防尘、防潮设备。

2. 离心机外壳保持清洁干燥,用干/湿布擦洗,使用中性洗涤剂,禁用酸性/碱性洗涤剂。

3. 离心机严禁不加转头空转,必须确认转头放稳且已夹紧,转头盖必须放稳。

4. 使用离心机时,平衡离心管和其样品溶液,应对称放置,重量误差越小越好。

5. 装载溶液时,使用开口离心管时不能装得过多,以防离心时甩出,造成转头不平衡、生锈或被腐蚀。

6. 离心机运行过程中应随时观察离心机仪表是否正常工作,如有异常声音应立即停机检查,及时排除故障。未排除故障前不得继续运转。

7. 离心室内应保持清洁干燥。当离心室内有异物时,请使用抹布或镊子移出离心室内物体碎片。可用干/湿布擦洗,必要时可以使用中性洗涤剂清洗,然后用清水擦洗、干软布擦干,禁止使用酸性/碱性、对材料有腐蚀性的溶剂及含氟洗涤消毒剂。可用75%乙醇溶液消毒。对于放射性污染,使用等量75%乙醇溶液、10%十二烷基硫酸钠(SDS)和水的混合液来清洗,然后用酒精和去离子水来清洁,最后用干软布擦干。

8. 转头是离心机中重要的部件,使用前要严格检查孔内是否有异物和污垢,以保持平衡;不同型号的离心机,其转头勿混用,以防对仪器和人身安全造成伤害;每次使用后,应清洁、消毒、擦干、干燥保存。转头应有使用档案,记录累计的使用时间,若超过了最高使用期限,按规定降速使用。

9. 不使用过期、老化、有裂纹或已腐蚀的离心管,控制塑料离心管的使用次数,注意规格配套。

10. 3个月应对主机校正一次水平度,平时不用时,应每月低速开机1~2次,每次0.5h,保证各部位正常运转。

11. 禁止在离心机上放置有液体的容器,如果容器打翻,液体可能锈蚀离心机机械部位或电器部件。

(二)离心机的常见故障排除

1. 插上电源后显示屏不亮

(1)检查电源是否是220V电源。

(2)检查保险丝是否熔断,如果已熔断,要更换新的保险丝。

(3)检查电源线是否松动,如果松动,需调整。

2. 开机后震动大

(1)转头(转子)内离心管重量不平衡、放置不对称。

(2)离心管破裂。

（3）转子未旋紧、转子本身损伤。

（4）减震部分损坏。

3. 显示屏显示"0000"，按启动键机器不运转

（1）线路板或变压器损坏，需更换。

（2）控制系统接插件松动，需重新插紧。

（3）按键损坏，更换面板。

（4）电机损坏或漏电，更换电机。

4. 能运转但速度上不去，仪器有怪声或有异味，控制系统或电机故障，须送厂家维修。

在工作过程中，如出现任何异常现象均应立即停机，检查原因，排除故障后方可使用，禁止强行运转。

第四节　电热干燥箱

一、电热干燥箱的工作原理与基本结构

电热干燥箱也称烘箱、干燥箱（图2-6），可供各种试样进行烘焙、干燥、热处理及其他加热。干燥箱使用温度范围一般为50~250℃，最高工作温度为300℃。电热干燥箱种类繁多，按是否有鼓风设备，产品分为电热恒温干燥箱和电热鼓风恒温干燥箱，常用鼓风式电热以加速升温。现以电热鼓风恒温干燥箱为例子作介绍。

图2-6　电热干燥箱

（一）电热干燥箱的工作原理

电热干燥箱的电热元件加热，其加热室旁侧装有离心风机，工作时将加热室中热空气鼓入左旁侧风道，然后进入工作室，经过热交换后，从右旁侧风道回到加热室，构成一个循环，使箱体内温度均匀，温度控制器使干燥箱温度处于恒温状态。干燥箱的高温热源将热量传递给湿物料，使物料表面水分汽化并逸散到外部空间，从而在物料表面和内部出现湿含量差别。内部水分向表面扩散并汽化，使物料湿含量不断降低，逐步完成物料整体的干燥。

（二）电热干燥箱的基本结构

　　电热干燥箱通常由型钢薄板构成,箱体内有一供放置试品的工作室,工作室内有试品搁板,试品可置于其上进行干燥,工作室内与箱体外壳有一定厚度的保温层,保温层中以硅棉或珍珠岩作保温材料。箱门间有一玻璃门或观察口,以供观察工作室。箱顶有排气孔,便于热空气和蒸汽逸出,箱底有进气孔。箱门为双层结构,内层为耐高温材质,外门为有绝热层的金属隔热门。加热部分多为电热丝,采用管状电热元件加热,接触器调节功率,控制温度。箱内装有鼓风机,工作室内空气借鼓风机促成机械对流。开启排气阀门可使工作室内空气得以更换,获得干燥效果,箱内温度用仪表进行自动控温,控温仪、继电器及全部电气控制设备均装于箱侧控制层内,控制层有侧门可以卸下,以备检查或修理线路时用。自动温控装置通常采用差动棒式或接点水银温度计式温度控制器,或者用热敏电阻作为传感器元件温度控制器。

二、电热干燥箱的使用方法

　　1. 通电前,先检查干燥箱的电器性能,并应注意是否有断路或漏电现象,待一切准备就绪,可放入试品,关上箱门,旋开排气阀,设定所需要的温度值。

　　2. 打开电源开关,烘箱开始加热,随着干燥箱温度上升,温度指示仪显示温度值。当达到设定值时,烘箱停止加热,温度逐渐下降;当降到设定值时,烘箱又开始加热,箱内升温,周而复始,可使温度保持在设定值附近。

　　3. 物品放置箱内不宜过挤,以便冷热空气对流,不受阻塞,以保持箱内温度均匀。

　　4. 观察试样时可开启箱门观察,但箱门不宜常开,以免影响恒温。

　　5. 试样烘干后,应将设定温度调回室温,再关闭电源。

三、电热干燥箱的日常维护与常见故障排除

（一）电热干燥箱的日常维护

　　1. 使用前检查电源,要有良好地线,检修时应切断电源。

　　2. 干燥箱无防爆设备,切勿将易燃及挥发性物品放箱内加热。箱体附近不可放置易燃物品。箱内应保持清洁,搁架不得有锈,否则影响玻璃器皿清洁度。

　　3. 使用时应定时监看,以免温度升降影响使用效果或发生事故。鼓风机电动机轴承应每半年加油一次。

　　4. 切勿拧动箱内感温器,放物品时也要避免碰撞感温器,否则箱内温度不稳定。

（二）电热干燥箱的常见故障排除

　　1. 电热干燥箱无电源

　　（1）插头未插好或断线:插好插头或接好线。

　　（2）熔断器开路:更换熔断器。

　　2. 电热干燥箱内温度升到设定温度后,立即下降。先使用者设定定时,后使用者不知,消除已设定定时,重新设定所需温度。

　　3. 设定温度与箱内温度误差大

　　（1）传感器坏:换温度传感器。

　　（2）温度显示值误差:修正温度显示值。

　　4. 电热干燥箱箱内温度不升

　　（1）设定温度低:调整设定温度。

　　（2）电加热器损坏:换电加热器。

（3）温控仪损坏：换温控仪。

（4）循环风机损坏：换风机。

5. 电热干燥箱超温报警异常

（1）设定温度低：调整设定温度。

（2）控温仪器损坏：换温控仪。

第五节　光学显微镜

一、光学显微镜的工作原理与基本结构

（一）工作原理

光学显微镜（optical microscope）是利用光学原理，把人眼所不能分辨的微小物体放大成像，供人们观察物质细微结构信息的光学仪器。

（二）基本结构

光学显微镜的结构包括光学系统和机械系统两部分（图2-7）。光学系统是显微镜主体部分，包括物镜、目镜、聚光镜及光圈等；机械系统主要由镜座、镜臂、载物台、镜筒、物镜转换器和粗细调螺旋等部分组成。

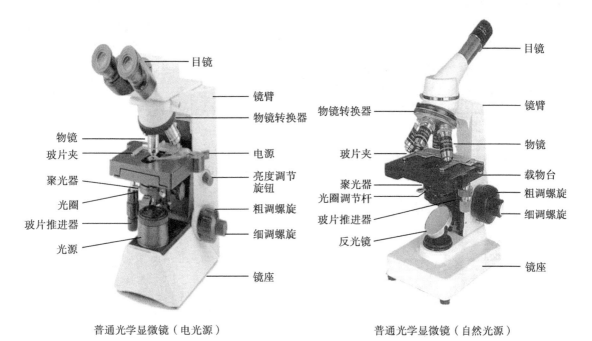

普通光学显微镜（电光源）　　　　普通光学显微镜（自然光源）

图 2-7　普通光学显微镜基本结构

> **知识链接**
>
> 光学显微镜按用途分类，有普通光学显微镜、双目生物显微镜、荧光显微镜、相衬显微镜、倒置显微镜、暗场显微镜、紫外荧光显微镜、偏光显微镜、激光扫描共聚焦显微镜、干涉相衬显微镜、近场扫描光学显微镜。

二、光学显微镜的使用方法

显微镜是一种精密的光电一体化仪器,只有科学正确地使用,才能发挥它的功能,延长其使用寿命。显微镜的一般使用方法如下:

1. 打开电源开关,旋转亮度调节旋钮使光亮度适中。

2. 旋转粗调螺旋把载物台降到最低处,打开玻片夹,放好标本,轻轻松开片夹夹稳玻片,调节玻片推进器,使标本中被观察的部分位于通光孔正中央。

3. 旋转物镜转换器把10倍物镜转正置于标本上方,先从侧面观察,旋转显微镜粗调螺旋,使标本尽可能接近物镜。

4. 通过目镜观察标本,慢慢旋转粗调螺旋使载物台下降,粗调聚焦至物像大致清晰,再用微调做精细调焦至物像清晰。

5. 观察并记录,移动推进器前后左右调节玻片,更换观察视野,并选取最典型的形态进行记录。玻片移动方向与物像移动方向正好相反。

6. 如需进一步使用高倍物镜观察,应在转换高倍物镜之前,把物像中需要放大观察的部分移至视野中央,换高倍物镜后若物像不清晰可旋转微调螺旋进行调节。

7. 观察完毕,缓慢降下载物台,将物镜镜头从通光孔处移开,取下标本,并严格检查显微镜零件有无损伤或污染,若使用了油镜头,一定要将镜头残留镜油擦拭干净,检查处理完毕并将显微镜复位。

8. 显微镜复位及油镜头处理方法 正确复位显微镜,指显微镜物镜头呈"八"字形,载物台最低,聚光器最低,关掉显微镜电源。油镜头处理方法:先用擦镜纸擦去镜油,再用擦镜液脱去镜油,最后用擦镜纸擦净残留擦镜液。

三、光学显微镜的日常维护与常见故障排除

(一)光学显微镜的日常维护

显微镜要加强日常维护才能使仪器长久保持良好的工作状态。

1. 注意电源工作电压波动范围,一般不得超过 ±10%,电源开关不要短时频繁开关。

2. 保持环境清洁卫生,防尘、防晒、防潮湿,光学表面不可用手触摸以免污染,只能用擦镜纸擦拭,以免磨损镜头。

3. 搬动和运输显微镜时一定要一手握住镜臂,另一手托住底座,做到轻拿轻放,避免剧烈震动。

4. 观察时,不能随便移动显微镜位置,显微镜使用间歇要注意调低照明亮度。

5. 转换物镜镜头时,只能转动转换器,不要转动物镜镜头。

6. 不可把标本长时间留放在载物台上,特别是有挥发性物质时更应注意。

7. 不得任意拆卸显微镜零件,严禁随意拆卸物镜镜头,以免损伤转换器螺口或使螺口松动。

8. 用毕送还前,必须检查物镜镜头上是否沾有水或试剂,如有则要擦拭干净,然后再将显微镜放入箱内,并注意锁箱。

9. 暂时不用的显微镜要定期检查和维护。

由于显微镜种类、型号繁多,在使用中还应该认真阅读仪器说明书,结合自己的工作经验具体明确使用细则及维护方法,并加以实施。

(二)光学显微镜的常见故障排除

光学显微镜的常见故障主要为光学故障和机械故障两类。

1. 常见光学故障及排除

（1）镜头成像质量降低：主要是由于镜片损坏或者镜片表面生雾、生霉所致。对于污染镜头，可以用干净的毛笔清扫或者用擦镜纸擦拭干净；若是镜头生霉，则可用相应的试剂进行清理；对于膜层破坏的镜头，需更换或重新镀膜。

（2）双像不重合：由于震动造成双目棱镜位置移动所致。打开双目棱镜外壳，在平台上用十字刻度尺重新调整。用双目镜观察时，有时出现左右两视场颜色与亮度不一致，这是由于分光棱镜的分光膜已损坏所造成，这时应取下分光棱镜送厂重新镀膜后再用。

（3）双目显微镜中双眼视场不匹配：主要是瞳孔间距、补偿目镜管长没有调整好，或者是误用不匹配的目镜。若调整或调换仍解决不了问题，则可能是棱镜系统出现故障，需交由厂家修理调整。

（4）视场中的光线不均匀：检查物镜、目镜、聚光镜等光学表面是否受污染或受损，检查物镜是否在光路中，光圈是否聚中，是否太小。

（5）视场中有污物：检查并彻底擦净目镜、聚光镜、滤色镜和玻片上的污迹。

（6）图像模糊不清：若不是因镜头等元件损坏造成，可检查物镜是否在正确位置，各个光学面是否变脏，根据情况按前面所述处置。若使用浸液物镜，则有可能浸液使用不当或浸液混有气泡或杂质。

2. 常见机械故障及排除

（1）粗调螺旋太紧：主要是由于长期使用导致润滑油干枯，或者有污物进入镜筒与镜臂之间的滑道中所致。可向后旋转粗调螺旋将镜筒提起来取下，清理镜筒和镜臂间的滑道，然后加入润滑油。

（2）粗调螺旋自动下滑：对于下滑较轻的情况，双手各握紧一粗调螺旋，左手紧握不动，右手握紧粗调螺旋沿顺时针转动，即可制止下滑。

（3）升降时手轮梗跳：主要是由于齿轮和齿条处于不正常工作状态或者齿轮变形所致，一般只能更换新件组合。

（4）物镜转换器故障：定位失灵或不稳定，产生原因有定位凸台严重磨损、定位销钉或钢珠脱落。这时需要更换新簧片或者换用新的零部件并加入润滑油。

（5）微调装置故障：微调双向失灵，主要是齿轮调整过位导致齿轮脱落造成。排除方法是将整个微动机构组件拆下，更换新的限位螺钉，再将齿轮放回位置，并调整好装回原处。

（6）调焦后图像不清晰：通常是由于在拆卸后未校正好或在运输中受震使定位位置发生变化所造成。排除方法是先松开限位螺钉或拔出销钉，并使微调手轮处于极限位置，再进行粗动调焦使标本刚要碰到又未碰到油浸物镜时，再旋上限位螺钉。

由于生物显微镜品种繁多，结构各异，出现的故障亦不尽相同，只有仔细分析，正确判断产生故障的原因与部位，才能有效地排除故障。特别要注意的是，遇到机械性故障，不要强行运动，以免造成仪器更为严重的损害。需要卸装部件时，要按照顺序，适度施力。排除故障时一般要断开电源。

第六节　高压蒸汽灭菌器

高压蒸汽灭菌器是用比常压高的压力，把水的沸点升至100℃以上的高温，而进行液体或器具灭菌的一种高压容器。高压蒸汽灭菌器广泛应用于医药、科研、食品等领域，灭菌效率好，是临床检验中较为常用的灭菌设备之一。常用于液体培养基、生理盐水、玻璃器皿、金属器械及敷料等耐湿和耐高温物品的灭菌。

一、高压蒸汽灭菌器的工作原理与基本结构

（一）工作原理

高压蒸汽灭菌器的工作原理,是在密封的筒体内加热水产生水蒸气,随着水蒸气不断增加,压力升高,温度也随之升高。当压力达到103.4kPa（1.05kg/cm²）时,器内温度高达121.3℃,在此温度压力下维持15~30min,可杀灭包括芽孢在内的所有微生物,从而达到灭菌的目的。不同蒸汽压力所能达到的温度不同,见表2-2。

表2-2 不同蒸汽压力所能达到的温度

蒸汽压力			温度/℃
psi	kg/cm²	kPa	
5	0.35	34.48	108.8
8	0.56	55.16	113.0
10	0.70	68.95	115.6
15	1.05	103.42	121.3
20	1.41	137.90	126.2
25	1.76	172.38	130.4
30	2.11	206.85	134.6

（二）基本结构

高压蒸汽灭菌器主要由一个密封的筒体、压力表、排气阀、安全阀、电热丝等组成。按照样式大小可分为手提式高压蒸汽灭菌器、立式高压蒸汽灭菌器、卧式高压蒸汽灭菌器等。全自动高压蒸汽灭菌器控制系统由微电脑控制,具有水位、时间、温度控制及断水、超温报警和自动断电等功能。下面以全自动立式高压蒸汽灭菌器为例（图2-8）,说明高压蒸汽灭菌器的结构和使用。

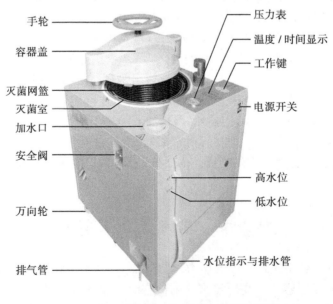

图2-8 全自动立式高压蒸汽灭菌器结构图

二、高压蒸汽灭菌器的使用方法

（一）高压蒸汽灭菌器的使用方法

开启电源开关,接通电源,控制仪进入工作状态后,开始以下操作:

1. 加水　将蒸馏水从加水口注入水箱,水位至高水位和低水位之间。

2. 堆放　把灭菌网篮放入灭菌室内。将待灭菌物品妥善包扎,有序放入灭菌网篮内,相互之间留有间隙,以利于蒸汽穿透,确保灭菌效果。

3. 密封　仔细检查密封圈安装状态,确认密封圈完全嵌入槽内并保持平整后,推进容器盖,使容器盖对准容器口位置。顺时针方向旋紧手轮直到关门指示灯灭为止,使容器盖与容器口平面完全密合。并使联锁装置与齿轮凹处吻合。用橡胶管连接在放气管上,插入到一个装有冷水的容器里,关紧手动放气阀。在加热升温过程中,当温控仪显示温度小于102℃时,由温控仪控制的电磁阀将自动放气,排出灭菌器内冷空气;当显示温度大于102℃时,自动放气停止,此时如有大量放气,则手动关紧放气阀。

4. 加热　确认容器盖完全密闭锁紧后,按照待灭菌物品的要求,设定所需温度和时间,按"工作"键进入工作状态,中途停止工作可按"工作"键关闭或者用电源开关关闭。

5. 灭菌　灭菌室内温度达到设定温度时,计时指示灯亮,灭菌开始计时。灭菌时间达到设定时间时,完成灭菌程序,计时指示灯和工作指示灯灭,设备发出蜂鸣声,面板显示"End",灭菌程序结束。断开电源,待自然冷却压力表指针恢复"0"位后才能排放余气,取出灭菌物品。

（二）高压蒸汽灭菌器的使用注意事项

1. 放置待灭菌物品时,严禁堵塞安全阀出气孔,以免设备放气不畅造成事故。

2. 使用前必须检查灭菌器内水量是否保持在高水位与低水位之间。

3. 在加热升温至102℃过程中,排气管是否自动少量放气,以排出灭菌室内冷空气。

4. 在灭菌瓶装液体时,如用橡皮塞,应插入针头排气;灭菌结束时,严禁放气减压,需待自然冷却压力表指针恢复"0"位后才能排放余气。

5. 对不同类型的物品,切勿放在一起灭菌,不同的材料所需灭菌时间有别(表2-3)。

表2-3　不同材料灭菌所需时间、温度和压力

物品种类	灭菌所需时间/min	蒸汽压力/kPa	饱和蒸汽相对温度/℃
橡胶类	15	103	121
敷料	15~45	103~137	121~126
器械类	10	103~137	121~126
器皿类	15	103~137	121~126
瓶装溶液	20~40	103~137	121~126

上述材料灭菌所需压力和时间,随包装、瓶装大小而不同,最少都需要103kPa(15psi),维持15min。

6. 易燃,易爆物品,如醚、苯类等,禁用高压蒸汽灭菌法。

三、高压蒸汽灭菌器的日常维护与常见故障排除

1. 每天擦拭灭菌器表面,每周一次对内部进行清洁擦拭,排出灭菌器内余水,停运时打开盖门,保持设备清洁和干燥。

2. 每天清理灭菌器内排泄口处滤网杂质,避免设备运行中杂质进入排气管。

3. 每次使用前应检查密封圈是否平整、完好,有无脱出和破损。

4. 每天检查仪表指针准确度,观察灭菌器运行停止后温度表、压力表指针是否处于"0"位;观察蒸汽、水等介质管路和阀件有无泄漏;观察灭菌器运行指示灯是否完好,如上述部件出现问题,应立即停止使用,需经维护修理完好后方可运行。

5. 每年应由质量监督部门进行年检,安全阀、压力表、温度表每年至少校验一次,检查结果记录并留存。

6. 密封漏气

(1)密封圈老化,更换密封圈。

(2)容器盖与桶口密封不严,用洁净抹布擦除容器盖与桶口接触面异物,密封时注意容器盖对准桶口位置。

第七节 生物安全柜

一、生物安全柜的工作原理与基本结构

(一)工作原理

生物安全柜(biological safety cabinet,BSC)是防止操作处理过程中某些含有危险性或未知性生物微粒发生气溶胶散逸的箱形空气净化负压安全装置。

1. 工作原理 主要是将柜内空气向外抽吸,使柜内保持负压状态,通过垂直气流来保护工作人员;外界空气经高效空气过滤器过滤后进入安全柜内,以避免处理样品被污染;柜内的空气也需经过高效空气过滤器过滤后再排放到大气中,以保护环境。

2. 分类 依据《中华人民共和国医药行业标准:生物安全柜》(YY 0569—2005),依照入口气流风速、排气方式和循环方式的不同通常将生物安全柜分为Ⅰ、Ⅱ、Ⅲ级,可适用于不同生物安全等级的媒质的操作。

(1)Ⅰ级生物安全柜:是指用于保护操作人员与环境安全、而不保护样品安全的通风安全柜。适用于对处理样品安全性无要求,且生物危险度等级为1、2、3级的媒质的操作。因为不考虑处理样品是否会被进入柜内的空气污染,故对进入柜内的空气洁净度要求不高,目前已经较少使用。

考点提示:
Ⅱ级生物安全柜的功能

(2)Ⅱ级生物安全柜:是指用于保护操作人员、处理样品安全与环境安全的通风安全柜。在临床生物安全防护中应用最广泛。Ⅱ级生物安全柜适用于生物危险度等级为1、2、3级的媒质的操作。由于外排风机将安全柜内空气不断地向外抽吸,使柜内保持负压状态,故操作窗口处虽然处于开放状态,外部空气只可能经操作窗口被吸入,而柜内空气不可能由操作窗口逸出,避免了气溶胶污染,保护了操作人员安全。按照排放气流占系统总流量的比例及内部设计结构,一般将Ⅱ级生物安全柜划分为A1、A2、B1、B2四个类型。

(3)Ⅲ级生物安全柜:是完全密闭、不漏气结构的通风安全柜。Ⅲ级生物安全柜适用于生物危险度等级为1、2、3和4级的媒质的操作,是目前世界上最高安全防护等级的安全柜。在安全柜内操作是通过与安全柜相连接的橡皮手套进行的。

(二)基本结构

不同类型生物安全柜结构有所不同,本节以Ⅱ级生物安全柜为例介绍生物安全柜的基本结构和相应功能。生物安全柜一般均由箱体和支架两部分组成(图2-9)。

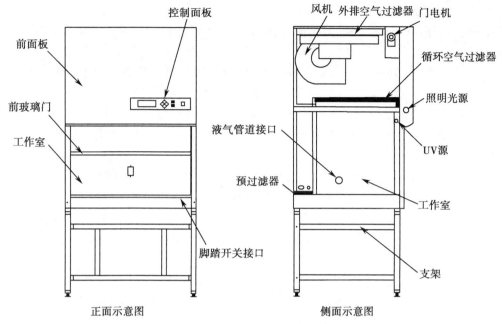

图 2-9 生物安全柜基本结构图

二、生物安全柜的使用方法

生物安全柜广泛应用于微生物、生物工程及其他对操作环境有苛刻要求的场所。可为临床医疗、检验、制药、科研等领域提供无菌、无尘、安全的工作环境。不同级别生物安全实验室对生物安全柜级别要求不同,选用原则见表 2-4。

表 2-4 生物安全柜选用原则

实验室级别	生物安全柜选用原则
一级	一般毋需使用生物安全柜或使用Ⅰ级生物安全柜
二级	做可能产生微生物气溶胶或出现溅出的操作时,可使用Ⅰ级生物安全柜;当处理感染性材料时,应使用部分或全部排风的Ⅱ级生物安全柜;若涉及处理化学致癌剂、放射性物质和挥发性溶媒,则只能使用Ⅱ-B级全排风(B2型)生物安全柜
三级	应使用Ⅱ级或Ⅲ级生物安全柜;所有涉及感染材料的操作,应使用全排风型Ⅱ-B级(B2型)或Ⅲ级生物安全柜
四级	应使用Ⅲ级全排风生物安全柜。当人员穿着正压防护服时,可使用Ⅱ-B级生物安全柜

> **知识链接**
>
> 生物安全实验室分为四级,一级最低,四级最高。生物安全防护一级实验室一般适用于对健康成年人无致病作用的微生物;二级适用于对人和环境有中等潜在危害的微生物;三级适用于主要通过呼吸途径使人传染上严重的甚至是致死疾病的致病微生物或其毒素;四级适用于对人体具有高度的危险性,通过气溶胶途径传播或传播途径不明、目前尚无有效疫苗或治疗方法的致病微生物或其毒素。

生物安全柜的使用

1. 操作前用 75% 乙醇溶液擦拭所需移入物品表面，一次性把物品全部移入安全柜里，不可过载。

2. 打开风机，待 10min 后柜内空气净化且气流稳定后再进行实验操作。操作者缓缓将双臂伸入安全柜内，至少静止 1min，使柜内气流稳定后再进行操作。

3. 生物安全柜内不放与本次操作无关的物品。柜内物品不得挡住气道口，应尽量靠后放置，以免干扰气流正常流动。物品摆放应做到分区明确且无交叉，对有污染的物品要尽可能放到工作区域后面操作。

4. 在操作期间，避免移动材料，避免操作者的手臂在前方开口处移动。

5. 不要使用明火，可使用红外线接种环灭菌器等。

6. 操作时应避免交叉污染。为防止可能溅出的液滴，应准备好 75% 的乙醇溶液棉球或用消毒剂浸泡的小块纱布，如果有物质溢出或液体溅出，在将物品移出安全柜前，一定要对其表面进行消毒。

7. 在操作时，不可完全打开玻璃视窗，应保证操作人员的头部在工作窗口上。在柜内操作时动作应轻柔、舒缓，防止影响柜内气流，避免用物品覆盖住安全柜格栅。

8. 尽量避免将离心机、漩涡振荡器等仪器安装在柜内，以免使用此类仪器时产生震动，使积留在滤膜上的颗粒物质抖落，导致柜内洁净度降低；同时有些仪器的散热片排风口气流还可能影响柜内正常气流方向，可能会引起对操作者污染。

9. 在操作过程中，为防止安全柜内有任何残留污染物，操作结束后对安全柜内表面全部消毒。

10. 工作完成后，关闭玻璃窗，保持风机继续运转 10~15min，同时打开紫外线灯，照射 30min。

11. 安全柜应定期进行检查与保养，以保证其正常工作。工作中一旦发现安全柜工作异常，应立即停止工作，采取相应处理措施，并通知相关人员。

三、生物安全柜的日常维护与常见故障排除

（一）生物安全柜的日常维护

1. 操作结束后必须对安全柜工作室进行清洗与消毒。定期进行前玻璃门及柜体外表的清洁工作。

2. 预过滤器使用 3~6 个月，应拆下清洗。高效过滤器一般使用 18 个月，到期后应及时更换，一旦损坏，应及时请专业人员更换。

3. 做好使用记录。

（二）生物安全柜的常见故障排除（表 2-5）

表 2-5　生物安全柜的常见故障及排除方法

故障现象	故障原因	排除方法
安全柜风机不运转	电源没有接好	插好电源线
		检查安全柜顶部控制盒电源的连接
	电源空气开关跳闸	重置空气开关
	风机马达故障	更换风机马达
	玻璃门完全关闭	打开玻璃门

续表

故障现象	故障原因	排除方法
灯不亮	灯电路断路器跳闸 灯安装不正确 灯坏了 灯接触不良 启辉器故障	重置空气开关 重新装好灯管 更换灯 检查灯的连接线 更换启辉器
压力读数稍有上升	排风口或回风孔等通道被堵 工作面被堵或限流 高效过滤器超载	检查所有通风口,确保它们均通畅 检查工作面下面,确保通畅 随着系统的不断工作,压力读数会稳定地增加
安全柜内工作群被污染	不适当的技术或工作程序 回风孔、格栅或排风口被堵 高效过滤器功能降低	参照厂家提供的操作手册,按正确方法操作 检查所有回风孔、格栅和出风口,确保均通畅 重新调整安全柜

本章小结

移液器又称移液枪或加样枪,分为气体活塞式移液器和外置活塞式移液器,是一种用于定量转移液体的器具,基本结构由控制按钮、枪头卸掉按钮、体积显示窗口、套筒、吸嘴、枪头等部分构成,通过弹簧的伸缩运动来实现吸液和放液。使用时须掌握仪器的使用方法、日常维护和常见故障及排除方法。

电热恒温水浴箱主要由箱体、内胆、上盖、搁板、电热管、自动温控装置等部分组成。用于水浴恒温,以保持工作温度恒定。使用时须掌握仪器的使用方法、日常维护、注意事项和常见故障及排除方法。

离心机主要由电动机、离心转盘(转头)、调速器、定时器、离心套管与底座等主要部件构成,是应用离心沉降原理进行物质的分离和沉淀的仪器,广泛应用于生命科学研究和医学领域中。使用时必须严格按照操作规程进行,并掌握仪器的日常维护及常见故障的排除方法。

电热干燥箱可以对各种试样进行烘焙、干燥及其他热处理,仪器性能稳定,控温精度高,密封效果好。

光学显微镜是利用光学原理,把人眼所不能分辨的微小物体放大成像,供人们观察物质细微结构信息的光学仪器。结构包括光学系统和机械系统两部分。显微镜种类、型号繁多,在使用中应该认真阅读仪器说明书,结合工作经验具体明确使用细则及维护方法,并加以实施。显微镜的常见故障可分为光学故障和机械故障两大类。光学故障主要有镜头成像质量降低、双像不重合、双目显微镜中双眼视场不匹配、视场中的光线不均匀、视场中有污物、图像模糊不清等。机械故障主要有粗调螺旋太紧、粗调螺旋自动下滑、升降时手轮梗跳、物镜转换器故障、微调装置故障、调焦后图像不清晰等。

高压蒸汽灭菌器是利用加热产生蒸汽,随着蒸汽增多,压力和温度不断升高,从而杀灭包括芽孢在内的所有微生物。常用于一般培养基、生理盐水、手术器械和敷料等耐湿和耐高温物品的灭菌。

生物安全柜是一种为了保护操作人员、实验室环境及工作材料安全的防御装置,由箱体和支架两部分组成。通常将其分为Ⅰ、Ⅱ、Ⅲ级。为确保生物安全柜的生物防护性能,使用时要严格按照规定程序进行操作、维护与保养,并懂得对仪器的常见故障进行辨别和处理。

目 标 测 试

一、单项选择题

1. 下列不是移液器的基本结构的是

A. 体积显示窗口　　　　　B. 枪头　　　　　C. 细螺旋

D. 枪头卸掉按钮　　　　　E. 控制按钮

2. 枪头装配正确的是

A. 将枪头套上移液枪时,使劲地在枪头盒子上敲几下,保证枪头卡好

B. 将移液枪垂直插入枪头中,稍微用力左右微微转动即可使其紧密结合

C. 按照正常的装配枪头方法移液仍然漏液,需要更换移液枪头

D. 枪头卡紧的标志是略微超过O形环,并可以看到连接部分形成清晰的密封圈

E. 只要枪头与移液器能紧密结合,不漏液,则不一定需要枪头与移液器匹配

3. 移液过程中错误的操作是

A. 吸头垂直浸入液面尽可能深,保证完全吸到

B. 前进移液法中吸液时用大拇指将按钮按下至第一停点,然后快速松开按钮回原点

C. 前进移液法中将按钮按至第一停点排出液体,快速按按钮至第二停点吹出残余的液体

D. 反向移液法一般用于转移高黏液体、生物活性液体、易起泡液体或极微量液体

E. 排液时操作需连贯进行,切忌按压至第一挡位时放松控制按钮,以防溶液倒吸

4. 关于电热恒温水浴箱的日常维护及注意事项,下列说法错误的是

A. 水浴箱在保养或检修时,应该先拔掉电源插头

B. 仪器使用前一定要先加水,后通电

C. 注水或使用过程中,不能将水溅入电器箱内,以防发生危险事故

D. 如果较长时间不使用,应将水浴箱内的水放干,并擦拭干净,保持箱内干燥

E. 水浴箱供电电源须与产品使用电源要求相一致,电源插座采用三孔插座,可以不接地线

5. 离心过程中,颗粒的沉降速度取决于以下因素,但除外的是

A. 离心机转速　　　　　B. 颗粒质量　　　　　C. 颗粒大小

D. 颗粒密度　　　　　E. 离心机大小

6. 不能使用高压蒸汽灭菌的物品是

A. 颗粒状　　　　　B. 软条状　　　　　C. 金属器械

D. 敷料　　　　　E. 苯

7. 高压蒸汽灭菌器压力为103.43kPa时,饱和蒸汽相对温度为

A. 126℃　　　　　B. 121.3℃　　　　　C. 103℃

D. 137℃　　　　　E. 102℃

8. 下列有关Ⅱ级生物安全柜功能特点的叙述中,正确的是

A. 用于保护操作人员、处理样品安全,而不保护环境安全

B. 用于保护操作人员、环境安全,而不保护处理样品安全

C. 用于保护操作人员、处理样品安全与环境安全

D. 用于保护处理样品、环境安全,而不保护操作人员安全

E. 用于保护处理样品安全,而不保护操作人员、环境安全

9. 外界空气需经高效空气过滤器过滤后才进入安全柜内,其主要目的是

A. 保护实验样品　　　　B. 保护工作人员　　　　C. 保护环境

D. 保护实验样品和环境　　E. 保护工作人员和实验样品

10. 生物安全柜内的空气需经高效空气过滤器过滤后再排放到大气中,其主要目的是

A. 保护实验样品　　　　B. 保护工作人员　　　　C. 保护环境

D. 保护实验样品和环境　　E. 保护工作人员和实验样品

二、简答题

1. 简述移液器的工作原理。

2. 简述离心机的日常维护要点。

3. 简述离心机的常见故障排除方法。

4. 简述电热干燥箱的使用方法。

5. 试述普通光学显微镜的基本结构。

6. 试述普通光学显微镜的日常维护要点。

7. 简述显微镜常见故障的种类。

8. 简述高压蒸汽灭菌器的工作原理。

9. 生物安全柜内物品摆放的原则有哪些?

10. 生物安全柜的维护内容有哪些?

（朱荣富　钟芝兰　李 庆　陈惠业　梁航华　杨曾瑜　何 秀）

第三章 紫外-可见分光光度计

学习目标

1. 掌握：紫外-可见分光光度计的工作原理与基本结构。
2. 熟悉：紫外-可见分光光度计的使用方法、日常维护及常见故障与排除方法。
3. 了解：时间扫描的操作方法。

20世纪50年代发展起来的波谱分析法，为生物化学、药物学、医学等领域的研究提供了新的手段。最常用的波谱分析法包括紫外-可见光谱、红外光谱、磁共振谱及质谱。紫外-可见光谱是用能产生波长为190~1 000nm范围的光源照射分子，分子对光源产生吸收而得到吸收光谱。

一、紫外-可见分光光度计的工作原理与基本结构

（一）紫外-可见分光光度计的工作原理

紫外-可见分光光度计，是根据物质分子对波长为200~760nm的电磁波的吸收特性，对物质进行结构分析和定量分析的仪器。200~400nm为近紫外区，400~760nm为可见光区。当用紫外-可见光照射含有共轭体系的不饱和化合物或有色物质的稀溶液时，就会产生部分波长的光被吸收，被吸收光的波长和强度与物质的结构有关。如果以波长λ为横坐标（单位nm），吸光度A为纵坐标作图，即得到紫外-可见吸收光谱。根据吸收光谱的形状和特征波长等，对物质进行结构分析；根据光的吸收定律，对物质进行定量分析。

光的吸收定律又称朗伯-比尔定律，表述为：当一束平行的单色光通过均匀的、无散射的吸光物质的溶液时，在入射光的波长、强度及溶液的温度等条件不变的情况下，该溶液的吸光度（A）与物质的浓度（c）和液层的厚度（L）的乘积成正比。用公式表示为：

$$A=KcL$$

在一定条件下，K为常数，称为吸光系数。

（二）紫外-可见分光光度计的基本结构

紫外-可见分光光度计型号很多，其基本结构由光源、单色器、吸收池、检测器和信号显示系统五个主要部件组成（图3-1）。

图3-1 五个主要部件组成

1. 光源 是提供入射光的部件。要求能够发射强度足够而且稳定的连续光谱。不同的光源提供的波长范围不同。紫外-可见分光光度计的光源有两种（图3-2）。

（1）钨灯或卤钨灯：属于热辐射光源，提供可见光及近红外光源。常使用的波长范围为

360~1 000nm。

（2）氢灯或氘灯：属于气体放电光源，提供紫外区光源。常使用的波长范围为190~360nm。

2. 单色器　单色器是将光源发射的复合光色散分离出单色光的光学装置。单色器一般由入射狭缝、准直镜、色散元件、出射狭缝等几部分组成。

（1）狭缝：是用来调节入射单色光的纯度和强度。狭缝宽度过大，光谱带宽太大，入射光单色性差；狭缝宽度过小，光谱带宽小，仪器的光源能量弱，光学传感器的灵敏度低，测量结果不理想。

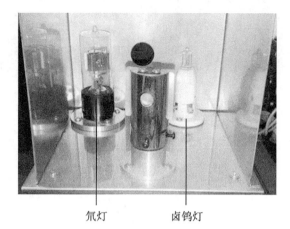

氘灯　　　卤钨灯

图 3-2　光源

（2）色散元件：是单色器的核心部件，起到分光的作用。常用的有棱镜和光栅两种。

棱镜有光学玻璃和石英两种材料。当复合光通过棱镜时，不同波长的光在棱镜中的折光率不同，各种波长的光就可以被分开。由于光学玻璃可吸收紫外光，所以光学玻璃棱镜适用于可见光区，石英棱镜适用的波长范围为185~4 000nm，可用于紫外光区和可见光区。

光栅是依据光的衍射和干涉原理制成的。在高度抛光的玻璃表面刻有数量很多的等宽度、等间距的平行条痕的色散元件称为透射光栅。在镀铝膜的玻璃表面刻有数量很多的等宽度、等间距的平行条痕，两刻痕间的光滑金属反射光形成衍射条纹，这种光栅称为反射光栅。光栅的狭缝数目越多，干涉得到的明纹越亮；光栅的衍射光谱是一匀排光谱，具有色散波长范围宽、分辨率高等优点。目前广泛使用的色散元件是反射光栅。

在光栅分光后所装的滤色片，可以截止光栅分光后的二级光谱和杂光。

3. 吸收池　是用于盛放参比溶液和待测溶液的器皿，也叫比色皿或比色杯。在可见光区测定时，可用光学玻璃的吸收池。在紫外光区测定时，必须使用石英吸收池。吸收池的大小规格有几毫米到几厘米不等。常用的是1cm的吸收池。用于盛放参比溶液和待测溶液的吸收池应该相互匹配。

4. 检测器　是将通过吸收池的光信号转变为电信号的电子元件，常用的有光电管和光电倍增管两种。

（1）光电管：是由封装于真空管的光电发射阴极和电子收集阳极构成。当光照射到阴极上的光敏材料时，发射出电子，被阳极收集而产生光电流。

（2）光电倍增管：工作原理与光电管相似。当光照射到阴极，阴极发射的光电子进入倍增系统，通过进一步的二次发射得到倍增放大。放大后的电子被阳极收集作为信号输出。光电倍增管具有灵敏度高、噪声低和快速响应等特点。

TU-1901双光束紫外可见分光光度计光路图见图3-3。

5. 信号显示系统　作用是将检测器输出的信号放大，并以适当的方式将测量结果显示或记录。现在许多紫外－可见分光光度计配有控制与分析软件，实现对仪器的控制、测量、数据分析和数据处理等功能。

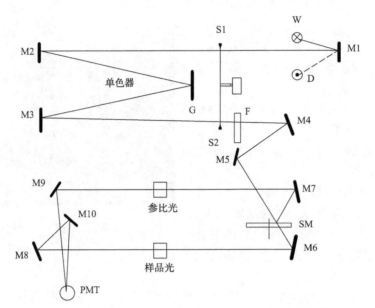

图 3-3　TU-1901 双光束紫外可见分光光度计光路图

W－卤钨灯；D－氘灯；M1－光源切换镜；S1－入射狭缝；S2－出射狭缝；M2、
M3－球面准直镜；M4－M10－反射镜；F－滤色片；G－光栅；SM－扇形镜；
PMT－光电倍增管。

二、紫外－可见分光光度计的使用方法

现以 TU-1901 双光束紫外可见分光光度计为例，说明仪器的使用方法。

1. 开机与自检　打开计算机的电源开关，进入 Windows 操作环境。确认主机样品室中无挡光物，打开主机电源开关，在计算机窗口上双击图标"UVWin5 紫外软件 v5.0.5"，进入紫外控制程序，出现紫外初始化画面，计算机对主机自检并初始化，初始化过程中勿打开样品室盖。初始化各项都显示"确定"后，进入仪器主菜单界面。

2. 暗电流校正　当样品池插入"黑挡块"时，透光率应为 0，如有误差，需进行暗电流校正。选择"测量"菜单中的"暗电流校正"，用空气作为空白，在样品池插入"黑挡块"，点击"确定"，仪器即在设定波长内进行暗电流校正，保存数据。

3. 光谱扫描　是对一定浓度的样品溶液，按照一定的波长间隔，对某个波长段进行扫描，得到 $A-\lambda$ 图谱。

（1）参数设置：单击"光谱扫描"，单击"参数设置"，设置光谱扫描参数。单击确定键退出参数设置。

（2）基线校正：选择"测量"菜单中的"基线校正"，在样品池和参比池放入参比溶液，点击"确定"，仪器即在设定波长内进行基线校正，保存数据。

（3）样品溶液的光谱扫描：取出样品池，倒掉参比溶液，放入样品溶液，将样品池放入吸收池室。选择菜单"开始"，单击"确定"，开始扫描。扫描完成后，单击峰值检出，显示峰、谷波长值及 Abs 值，如高锰酸钾溶液的光谱扫描曲线（图 3-4）。

4. 时间扫描　是对一定浓度的样品溶液，按照一定的时间间隔，记录某一波长的吸光度在一时间段变化的曲线。

（1）参数设置：单击"时间扫描""参数设置"，设置时间扫描参数。单击"确定"键退出参数设置。

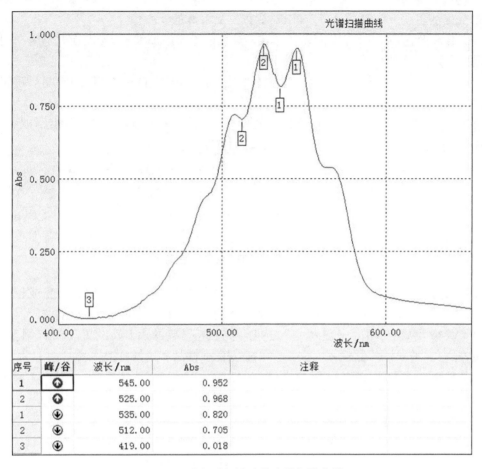

序号	峰/谷	波长/nm	Abs	注释
1	⬆	545.00	0.952	
2	⬆	525.00	0.968	
1	⬇	535.00	0.820	
2	⬇	512.00	0.705	
3	⬇	419.00	0.018	

图 3-4 高锰酸钾溶液的光谱扫描曲线

（2）校零：在样品池和参比池放入空白溶液，单击"校零"，仪器进行 0Abs 校准。

（3）扫描：放入样品溶液，单击"开始"，仪器对样品进行时间扫描，扫描完成后，得到设定波长的时间曲线，如高锰酸钾溶液的时间扫描曲线（图 3-5）。

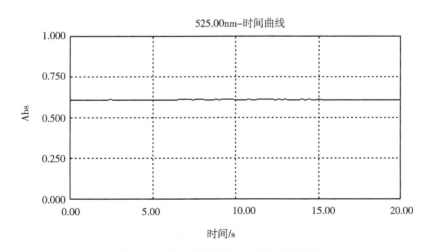

图 3-5 高锰酸钾溶液的时间扫描曲线

5. 光度测量 光度测量是设定波长,测量样品溶液的光度值。

(1)参数设置:单击"光度测量",单击"参数设置",添加波长,光度模式 Abs,单击"确认",退出参数设置。

(2)自动校零:在样品池和参比池放入参比溶液,单击"自动校零",再单击"确定",仪器对添加波长自动校零。

(3)测量:取出外池参比溶液,倒掉,放入样品溶液,单击"确定",即可测出样品溶液设定波长的 Abs 值,如高锰酸钾溶液的光度测定(图3-6)。

序号	模式	A 548.00 nm	B 547.00 nm	C 546.00 nm	D 545.00 nm	E 544.00 nm	F 543.00 nm	G 542.00 nm
1	Abs	0.408	0.416	0.419	0.419	0.416	0.410	0.403

光度测量 - 高锰酸钾溶液的光度测量.phd

图 3-6 高锰酸钾溶液的光度测定

6. 定量测定 是指测量标准样品标准系列溶液在主波长处的吸光度,生成校正曲线(标准曲线),再测量未知样品溶液的吸光度,由校正曲线得出未知样品溶液的浓度。

(1)参数设置:单击"定量测量",选择"测量"菜单的"参数设置",设置测量参数。①测量方法:单波长法。②输入主波长。③输入标准样品和未知样品名称。

(2)校正曲线参数设置:①选择曲线方程为 Abs=f(c),方程次数为一次。②输入标准样品浓度单位。③选择校正方法。单击"确定",退出参数设置。

(3)校零:参比池和样品池中都放入参比溶液,单击"确定"。

(4)测量标准样品:在标准样品栏,输入标准样品的编号和浓度。取出外池参比溶液,倒掉,放入1号标准样品,单击"开始",1号标准样品的 Abs 值显示在标准样品栏中。按标准样品浓度由小到大的顺序,依次测完。生成的校正曲线显示在右侧,在校正曲线的下方显示参数,检查曲线相关系数 R2 是否合格,若合格可继续测定样品,不合格则重做曲线。

(5)测量未知样品:在未知样品栏,输入未知样品的编号。样品室外池放入未知样品,单击"开始",未知样品的 Abs 值和浓度显示在未知样品栏中,如高锰酸钾溶液的定量测定(图3-7)。

7. 关机 保存所有测量数据后,拿出比色皿,倒掉溶液,清洗比色皿。依次关闭软件、仪器电源、计算机电源,样品室内放入干燥剂,罩上仪器罩。

三、紫外－可见分光光度计的日常维护与常见故障排除

(一)紫外－可见分光光度计的日常维护

1. 仪器应放置在稳固的平面工作台上。室内无强磁场干扰、无腐蚀性气体。室内相对湿度不大于80%。

2. 使用后应检查样品室是否有溢出溶液,经常擦拭样品室,以防废液对部件或光路系统的腐蚀。

3. 仪器使用完毕,应盖好防尘罩,可在样品室内放置硅胶袋防潮,但开机时一定要取出。

4. 定期进行性能指标检测,发现问题立即与厂家或销售部门联系解决。

5. 长期不用仪器时,尤其要注意环境的温度、湿度,定期更换硅胶。建议每隔1个月开机运行 1h。

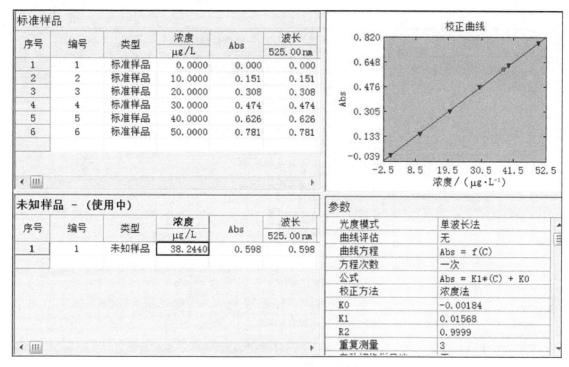

图 3-7　高锰酸钾溶液的定量测定

（二）紫外－可见分光光度计的常见故障排除

现以 TU-1901 双光束紫外可见分光光度计为例,来说明仪器的常见故障与排除方法（表 3-1）。

表 3-1　TU-1901 紫外－可见分光光度计的常见故障与排除方法

故障现象	故障排除方法
打开主机后,发现不能自检,主机风扇不转	1. 检查电源盒开关 2. 检查 2A 保险管或更换 3. 检查计算机主机与仪器主机连线是否松动、脱落
自检时,某项不通过并出现错误信息	1. 关机或退出 Windows,重新进行自检 2. 重新安装 UVWin 程序后,再自检 3. 检查计算机与主机连线是否有松动
自检时,出现"钨灯能量低"错误	1. 查看样品室内是否有挡光物 2. 打开光源室盖,查看钨灯是否亮;如不亮,请更换钨灯 3. 关机或退出 Windows,重新进行自检 4. 重新安装 UVWin 程序后,再自检
自检时,出现"氘灯能量低"错误	1. 查看样品室内是否有挡光物 2. 打开光源室盖,查看氘灯是否点亮;如不亮,请与厂家联系购买配件更换 3. 查看 0.5A 保险管是否松动,接触点氧化、熔断等 4. 关机或退出 Windows,重新进行自检 5. 重新安装 UVWin 程序后,再自检

续表

故障现象	故障排除方法
工作中,发现仪器波长有平移现象	1. 检查计算机与主机连线是否有松动 2. 检查电源电压是否正常 3. 退出 UVWin,重新进行自检
仪器噪声指标很大	1. 检查样品是否混浊,比色皿是否有污渍 2. 退出 UVWin,重新进行自检 3. 检查电源电压是否正常 4. 检查有无强电磁干扰
光度准确度超差	1. 仔细检查样品是否准确 2. 检查比色皿是否清洁 3. 核查操作程序是否正确 4. 检查波长是否准确,如不准,应重新进行,退出 UVWin,重新进行自检 5. 重新进行"暗电流校正" 6. 检查样品池架的螺钉是否有松动,如有松动,应重新调整后拧紧 7. 检查保险管是否有松动
基线平直度指标超差	1. 检查波长准确度,如有平移现象,退出 UVWin 重新进行自检 2. 重新做"暗电流校正" 3. 检查做"基线平直度"的检测条件是否符合要求 4. 退出 UVWin,重新进行自检 5. 重新安装 UVWin 程序后,再自检
测量时,发现吸光度值很大且大幅度跳动	1. 在 A 或 T 条件,波长定位在 546nm 处,选 2nm 光谱带宽,将白纸放在样品室内比色池架通光孔处,观察是否有绿色光通过;如没有,则打开光源室盖,看两个灯是否点亮,且大概观察反光镜位置角度是否正确 2. 关机,重新自检 3. 检查保险管是否熔断,接触点氧化、松动 4. 重新安装 UVWin 程序后,再自检
发生程序保护错误	1. 检查操作是否有误 2. 关闭其他无关程序 3. 检查计算机是否有病毒 4. 退出 Windows,重新进行自检

本章小结

　　紫外－可见分光光度计是利用紫外－可见光照射含有共轭体系的不饱和化合物或有色物质的稀溶液,对物质进行结构分析和定量分析。仪器的基本结构由光源、单色器、吸收池、检测器和信号显示系统五个主要部件组成。

目 标 测 试

一、单项选择题

1. 近紫外区光的波长范围是

A. 200~760nm   B. 200~400nm   C. 400~760nm

D. 100~400nm   E. 100~200nm

2. 可见光的波长范围是

A. 200~760nm   B. 200~400nm   C. 400~760nm

D. 100~400nm   E. 100~200nm

3. 下列操作中可以找出吸光物质的最大吸收波长的是

A. 暗电流校正   B. 光谱扫描   C. 时间扫描

D. 光度测量   E. 定量测定

二、简答题

1. 紫外－可见分光光度计对物质进行定量分析的依据是什么？

2. 紫外－可见分光光度计基本结构由哪五个主要部件组成？

3. 光栅是依据光的什么原理制成的？

（罗心贤）

第四章 生化检验常用仪器

学习目标 ···

1. 掌握：自动生化分析仪、电解质分析仪、血气分析仪和电泳仪的日常维护和常见故障排除。

2. 熟悉：自动生化分析仪、电解质分析仪、血气分析仪和电泳仪的使用方法。

3. 了解：自动生化分析仪、电解质分析仪、血气分析仪和电泳仪的工作原理和基本结构。

临床化学检验是以研究人体内的生物化学过程为目的,通过检测人的血液、体液、脑脊液等标本中的化学物质,为临床提供疾病诊断、疗效观察、预后判断、药物临床试验、科研和健康体检等服务。临床化学检验常用仪器有很多,常用的有全自动生化分析仪、电解质分析仪、血气分析仪、电泳仪等。本章将对以上几种仪器的工作原理、基本结构、使用方法、维护保养及故障排除等内容加以介绍。

第一节 自动生化分析仪

自动生化分析仪是将生化分析中的取样、加试剂、去干扰物、混合、温育、反应、自动监测、数据处理、打印报告和清理等步骤的部分或全部由模仿手工操作的仪器来完成。

从 1957 年第一台连续流动式自动生化分析仪问世至今,已先后发展了流动式、分离式、分立式和干片式等类型;自动生化分析仪的发展从半自动生化分析仪、全自动生化分析仪到实验室自动化系统,自动化程度逐步提高,具有灵敏、准确、简便、快速、微量等优点,在临床中得到广泛应用。

一、自动生化分析仪的工作原理与基本结构

（一）工作原理

根据仪器结构和原理的不同,可分为连续流动式生化分析仪、离心式生化分析仪、分立式生化分析仪和干化学式生化分析仪四类。

1. 连续流动式自动生化分析仪　工作原理:通过比例泵将样品和试剂注入一条连续的管道系统中,样品与试剂被混合并加热到一定温度和保温数分钟,反应混合液检测。其特点是结构简单、价格便宜,由于使用同一流动比色杯,消除了比色杯间的吸光性差异,但是由于管道系统复杂、存在交叉污染、故障率高、操作烦琐等缺点,逐步被分立式生化分析仪所代替。

2. 离心式自动生化分析仪　工作原理:先将样品和试剂分别置于转盘中各自相应的凹槽内,当离心机开动后,内侧的试剂受离心力作用甩向外侧凹槽内,与样品相互混合发生反应,该分析仪同一个离心盘一般同时分析一个项目,缺点是无自动清洗功能。

3. 分立式自动生化分析仪　工作原理：由于各样品测定是分开独立进行的，故称为分立式自动生化分析仪。即按手工操作的方式编排程序，以有序的机械操作代替手工操作，用加样探针将样品加入各自的反应杯中，试剂探针按一定时间自动定量加入试剂，经搅拌器充分混匀后，在一定条件下反应。各环节用传送带连接，按顺序依次操作，又称"顺序式"分析。

4. 干化学式自动生化分析仪　工作原理：将待测液体样品直接加到已固化于特殊结构的试剂载体上，以样品中的水将固化于载体上的试剂溶解，再与样品中的待测成分发生生化学反应，是集光学、化学、酶工程学、化学计量学及计算机技术于一体的新型生化检测仪器。

干化学式自动生化分析仪具有操作简便，速度快，不需要使用去离子水，没有复杂的清洗系统，对环境污染小，灵敏度和准确性与分立式相近，适用于急诊检测和微量检测。

（二）基本结构

以目前最常用分立式自动生化分析仪为例，介绍其基本结构。

1. **样品系统**

（1）样品转盘：可放置小型样品杯数十只。有的分析仪可直接用盛样本的试管，有的还附有条形码阅读装置，能识别样本试管上的条形码信息，不需给样本编号，也不必输入病人资料，即可打印出该病人的化验报告。

（2）试剂室（仓）：不同的分析仪试剂室可容纳的试剂盒数量不同，一般可容纳 20 多种试剂。目前大部分试剂室带有冷藏装置，带有条形码识别装置的试剂室试剂可以任意放置试剂盒位置。

（3）取样装置：有的分析仪取样本和取试剂用同一采样针，由内部的分流阀控制取样本和取试剂；有的仪器有两套取样装置，分别取样本和取试剂。采样针前端有液面传感器，防止空吸或采样针外壁液体挂淋，采样臂中有预温装置。如果采用多试剂分析方法，将占用试剂室中试剂盒位置，会减少测定项目。

2. **检测系统**

（1）光源：大多数分析仪使用卤素钨丝灯，工作波长 325~800nm。有的分析仪使用氙灯，工作波长 285~750nm。

（2）比色杯：有分立式比色杯、分立式转盘式比色杯、离心式比色盘、流动池。干式生化仪不需要比色杯，袋式生化仪由试剂袋经挤压自动形成比色杯。比色杯光径 6~7mm，少数为 10mm。比色杯中的反应液需要恒温，有 37℃、30℃、25℃三挡可选择，有的固定为 37℃。多数用吹入恒温空气的方式，也有用恒温水浴或半导体温控装置的。为了保证比色杯中反应液有 ±0.1℃的精确度，分析仪的环境温度必须保持 18~30℃，室温波动不宜超过 2℃。

（3）单色器：由干涉滤光片和光栅构成。

（4）检测器：目前临床用得比较多的检测器是列阵固态光敏二极管，光电倍增管已很少用。

3. **供排水系统**　自动生化分析仪中有很多供水管道与电磁阀。只读存储器中软件参数控制电磁阀与输液泵供给各个部件的冲洗与吸液，最后排出机外。随机存储器内的分析参数控制电磁阀与注射器的步进电机，供应样本、试剂和稀释用水。有的生化仪还能自动冲洗比色杯供反复使用。

4. 数据处理系统 每个项目的检测结果暂时储存在随机存储器中,待某个样本所需的项目全部检测完毕,由微机汇总打印出综合报告单。微机的存储器中可以存储相当数量的病人数据与逐日的室内质控数据,随时可以按指令调出,在荧光屏上显示或打印,也可存储在软盘中长期保存,随时调阅。

二、自动生化分析仪的使用方法

(一)操作前检查

1. 检查试剂注射器、样品注射器等有无渗漏。

2. 检查纯水是否正常或足量,各种清洗剂是否足够。

3. 检查试剂针、加样针等是否需要特别清洁处理。

4. 检查样品架传送模块,确保样品投入部上没有样品架,在样品收纳部中,确认设置了至少一个空的样品架托盘。

(二)开机后检查

开机后由仪器自动执行一些初始化检测和开机维护保养程序,操作人员需确认各项检查结果。

(三)执行校准操作程序和质控操作程序

按照仪器使用的标准操作流程执行校准操作和质控操作,完成校准和质控后,进入样品检测流程。

(四)样品检测流程

签收样品→离心→上机检测→审核报告→签发报告→标本保存。

(五)结束工作

完成仪器的保养维护程序,关机。按照要求认真填写各种记录,包括仪器运行维护保养记录,试剂使用记录、校准品及使用记录、日校准记录,室内质控记录等。

三、自动生化分析仪的日常维护与常见故障排除

(一)自动生化分析仪的日常维护

1. 日维护保养 每天工作结束后,清洗探针、喷嘴和搅拌棒,如果探针脏污,会导致测定结果不准确,可使用含有酒精的纱布或棉签从上往下将样品探针和试剂探针上的脏污擦去(图4-1、图4-2)。清洗时,检查探针和喷嘴有无弯曲。如果喷嘴有脏污,可拧松清洗机的固定螺丝,将整个清洗机向上提起,用浸有去离子水的纱布等擦拭喷嘴表面(图4-3)。

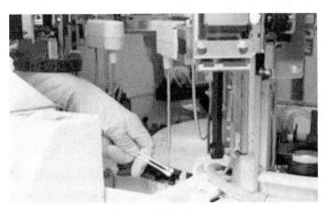

图 4-1　擦拭样品探针

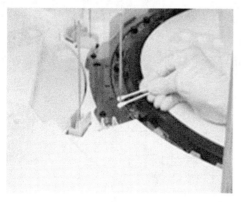

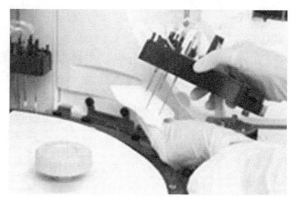

图 4-2 擦拭试剂探针　　　　　　　　　　　图 4-3 擦拭清洗机喷嘴

2. 周维护保养　清洗反应系统。试剂针及反应杯脏污会导致测定结果不准确,应每周清洗一次。

3. 月维护保养　更换反应杯。反应杯脏污会导致测定结果不准确,每月更换一次。

（二）自动生化分析仪的常见故障排除

1. 零点漂移　可能是光源强度不够或不稳定,需要更换光源或检修光源光路。

2. 所有检测项目重复性差　可能是注射器或稀释器漏气导致样品或试剂吸量不准;搅拌棒故障导致样品与试剂未能充分混匀。需要更换新垫圈;检修搅拌棒工作使其正常。

3. 样品针或试剂针堵塞　可能是血清分离不彻底／试剂质量不好,需要彻底分离血清／更换优质试剂并疏通清洗样品针。

4. 样品针或试剂针运行不到位　可能是因为水平和垂直传感器故障,需要用棉签蘸无水乙醇仔细擦拭传感器;如因传感器与电路板插头接触不良引起,可用砂纸打磨插头除去表面氧化层。

5. 探针液面感应失败　可能原因是感应针被纤维蛋白严重污染,导致其下降时感应不到液面,用去蛋白液擦洗感应针并用蒸馏水擦洗干净。

第二节　电解质分析仪

电解质分析仪是一种常用于检测体液中钾（K^+）、钠（Na^+）、氯（Cl^-）、钙（Ca^{2+}）等电解质含量的自动化分析仪器,具有:①设备简单、操作方便,适合自动化。②微量、灵敏、快速、准确、实用。③成本低、选择性好、线性范围宽。④不破坏被测样品,对有色、混浊溶液均可进行分析,且不用进行复杂的预处理等优点,使其在临床检验中得到广泛应用。目前临床上使用的电解质分析仪类型很多,但工作原理、结构、功能基本类似。

一、电解质分析仪的工作原理与基本结构

（一）工作原理

临床上常用的电解质分析仪,其测定原理为离子选择电极分析法（ISE）。离子选择电极是指对样品中某种特定离子产生响应,其电位只随溶液中该待测离子浓（活）度的改变而改变,并能指示待测离子浓度的电极。在实际测定中,将离子选择性电极和参比电极同时插入被测样品中组成原电池,通过测量原电池电动势,即可求出待测离子的浓度或活度,其遵循的基本公式是能斯

考点提示:
电解质分析仪
的工作原理

特方程式。

（二）基本结构

临床上常用的电解质分析仪主要由离子选择性电极、参比电极、测量室、测量电路、控制电路,驱动电机和显示器等组成（图 4-4 ）。

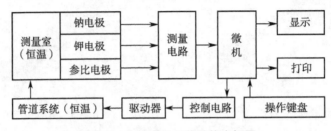

图 4-4　电解质分析仪结构方框图

1. 面板系统　各种电解质分析仪在仪器面板上主要有操作键盘和液晶显示器,用于输入数据、控制仪器及显示仪器操作提示和测量结果。在分析检测样品时,操作者可以通过按键操作控制分析检测过程。

此外,仪器面板上还有废液瓶、废液管、吸样针、试剂包、电源开关、电源接口、电源指示灯、熔断器、仪器标牌、打印机盖等部件。

2. 电极系统　包括指示电极和参比电极。指示电极包括 pH、Na^+、K^+、Cl^-、Ca^{2+} 等离子选择电极;参比电极一般是银 / 氯化银电极。

3. 液路系统　分析仪的液路系统通常由样本盘、溶液瓶、吸样针、三通阀、电极系统、蠕动泵等组成。不同类型的电解质分析仪具有不同的液流系统。

4. 电路系统　各种分析仪的电子部件各不相同,但基本的模块一般均由五大模块组成,即电源电路模块、微处理器模块、输入输出模块、信号放大及数据采集模块、蠕动泵及三通阀控制模块。

5. 软件系统　各种分析仪的软件系统,是控制仪器运作的关键。它提供仪器微处理系统操作、仪器设定程序操作、仪器测定程序操作和自动清洗等操作程序。

二、电解质分析仪的使用方法

目前临床上使用的电解质分析仪品牌、型号较多,不同仪器的使用请按各仪器附带的使用说明进行,现以 PSD-16A 电解质分析仪为例,简述其基本操作流程。

1. 开机　接通电源,打开仪器后面的电源开关,启动电解质分析仪,仪器自动执行自检程序（对控制系统及相关部件进行测试）。自检结束后,仪器启动冲洗程序,冲洗结束,并修改好日期和时间后,仪器进入“准备好”状态时,可进行操作并做好分析样品的准备。

2. 定标　有两个定标程序:一点定标和两点定标。进行一点定标,可按“一点定标”下的功能键进行,用 ISE 定标液 1 对传感器进行漂移修正,同时仪器监测传感器的稳定性;进行两点定标时,可按“两点定标”下的功能键,用 ISE 定标液 1 和 ISE 定标液 2 对离子选择电极进行标定,建立仪器完整的电极响应曲线。

3. 样本测试　在“准备好”状态下,按“样本测试”。必要时,仪器预冲洗,冲洗结束,选择测定项目,修改样本编号后,按“Enter”键进入吸样界面,抬起仪器进样针,吸入样品,开始测试,仪器动态显示测试过程。当所有项目测试结束,仪器自动清洗并校准电极状态,完毕后,仪器发出“嘀”一声,显示并打印全部测试结果和计算参数。按“退出”键,返回“准备好"状态。

4. 待机　仪器进入 24h 待机状态。

三、电解质分析仪的日常维护与常见故障排除

（一）电解质分析仪的日常维护保养

1. 电极系统的保养　仪器在工作过程中,由于电极内充液与样品之间存在着不同程度的离子交换,使电极内充液的浓度逐渐降低(特别是钠电极内充液的浓度降低最为严重),从而使膜电位下降,导致测量结果偏低。因此需要定期调整或更换钠电极等电极内充液中离子的浓度,并按规定程序对各电极进行清洁、保养。

> 考点提示:
> 电极内充液降低最严重的电极

2. 流路系统的保养　仪器在使用时,样品中的蛋白或其他物质附着在液流通道的内壁上,既易造成管路阻塞和影响电位测量,又影响仪器的正常工作和测试结果的准确性。目前,大多数电解质分析仪都有仪器流路保养程序,可以根据保养程序进行保养工作。同时,每天工作结束关机前,也要进行管路的清洗。

3. 日常维护保养　按照使用说明书的要求,进行每天、每周、每半年的保养和停机维护。

（1）日维护保养

1）检查电源开关。

2）检查各试剂量,量不足时应及时更换。

3）检查废液瓶,及时弃去废液瓶内的废液。

4）去蛋白。

5）整理操作台面。

（2）周维护保养

1）清洁分析仪机箱、仪器表面和触摸屏。

2）清洁样品盘、进样针。

3）检查清洗管道及液流系统,确保其通畅。

4）检查参比电极内充液,必要时添加饱和氯化钾(KCl)溶液。

（3）月维护保养

1）检查钠电极是否需要进行活化保养。

2）检查氯电极是否需要清洁。

3）清洁参比电极套。

4）检查进样针是否有堵塞。

5）检查泵管是否老化,流路管是否有破损。

6）检查电极毫伏值。

（4）半年维护保养

1）更换蠕动泵管。

2）更换密封底板密封件。

3）更换所有样品路径连接管道。

4）检查钾、钠、氯、钙、pH 电极内液,必要时更换。

此外,必要时更换打印纸和钾、钠、氯、钙、pH 参比电极。样品量大时,可加大保养频次或缩短保养时间。

（二）电解质分析仪的常见故障排除

目前临床上使用的电解质分析仪很多都安装有自带的故障诊断程序，能够在开机及运行过程中，自动检测仪器的控制系统及执行部件是否正常运行。如有故障，仪器立即报警并将故障信息显示在仪器的显示屏上。操作者应先自查原因，排除维护和使用不当等因素，如管道松动、破裂，参比电极长期未换，长期没有活化去蛋白，进样针（或电极）堵塞，泵管老化等；然后检查电极的电压和斜率是否正常；再用电极检查程序确认电极输出是否稳定等。其中，一些常见的故障、产生原因及排除方法如下：

1. 仪器不工作　检查电源、插座开关、保险丝熔断等。

2. 定标不能稳定　电极没有稳定，可以在电极稳定 30min 后定标。

3. 标准液检测不到　可能的解决方法有：

（1）检测试剂包液体的剩余量，如果少于5%，或者试剂包出液管道中有气泡，应更换试剂包。

（2）检查标准液管道或电极通道是否有堵塞。

（3）检查样本传感器安装是否正常、是否需要清洁。

（4）更换蠕动泵管。

4. 检测不到参比液　可能的解决方法有：

（1）检查参比套的内充液是否正确，确认参比管连接管正常。

（2）清洁参比电极套。

5. 检测不到样本液　可能管路中有气泡，样本量太少不能分析，或没有样本吸入。可能的解决方法有：

（1）重复检查样本观察针有没有探测到样本。

（2）检查测量管道之间的 O 形密封圈是否完好。

（3）检查样本管路是否堵塞。

（4）检查样本传感器，做测试程序确认。

（5）泵管老化，更换泵管。

（6）管道有破裂或松动，应更换管道或装好管道。

6. 检测不到电极　可能的解决办法有：

（1）确认电极安装正确。

（2）检查参比电极，如需要清洁参比套或更换参比电极。

7. 液体管路堵塞　整个液体管路从血液进入采样针到废液从废液管末端排出，易堵塞的地方主要有采样针与空气检测部分、电极腔前段与末端部分、混合器部分以及泵管和废液管这四部分，其解决方法：直接用清洗液进行管路冲洗保养，如不达目的，可将堵塞部分拆下，用次氯酸钠（NaClO）溶液浸泡或用注射器注入 NaClO 溶液反复冲洗，通畅后再用蒸馏水冲洗干净装回即可。

> 考点提示：
> 整个液体管路最容易堵塞的四个地方及其排除方法

如果通过以上方法还是不能排除故障，应立即联系仪器制造厂家或经制造厂家授权的分销商。

第三节　血气分析仪

血气分析仪是指利用电极在较短时间内对动脉血中的酸碱度（pH）、二氧化碳分压（PCO_2）和氧分压（PO_2）等相关指标进行测定的仪器。

一、血气分析仪的工作原理与基本结构

（一）工作原理

在管路系统的负压抽吸作用下，样品血液被吸入毛细管中，与毛细管壁上的 pH 参比电极、pH、PO_2、PCO_2 四个电极接触，电极将测量所得的各项参数转换为各自的电信号。这些电信号经放大、模数转换后送达仪器的微机，经运算处理后显示并打印出测量结果，从而完成整个检测过程（图 4-5）。

考点提示：
血气分析仪的工作原理

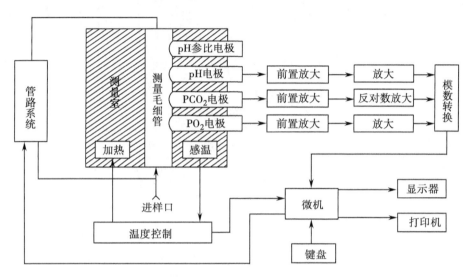

图 4-5 血气分析仪工作原理

血气分析方法是一种相对的测量方法。在测量样品之前，需用标准液及标准气体确定 pH、PCO_2 和 PO_2 三套电极的工作曲线。通常把确定电极系统工作曲线的过程叫作定标或校准。

（二）基本结构

血气分析仪主要由电极系统、管路系统和电路系统三大部分组成（图 4-6、图 4-7）。

1. 电极系统 电极测量系统包括 pH 测量电极、PCO_2 测量电极和 PO_2 测量电极。

（1）pH 测量电极：是一种玻璃电极，由 Ag-AgCl 电极和适量缓冲溶液组成，主要利用膜电位测定溶液中 H^+ 浓度，参比电极为甘汞电极，其作用是为 pH 电极提供参照电势。

（2）PCO_2 测量电极：主要结构是气敏电极，关键在于电极顶端的 CO_2 分子单透性渗透膜，通过测定 pH 的变化值，再通过对数变换得到 PCO_2 数值。

（3）PO_2 测量电极：是基于电解氧的原理，由 Pt-Ag 电极构成，在气体渗透膜选择作用下，外施加

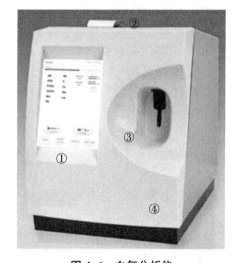

图 4-6 血气分析仪
①显示屏；②打印机；③采样位置；④门/前面板。

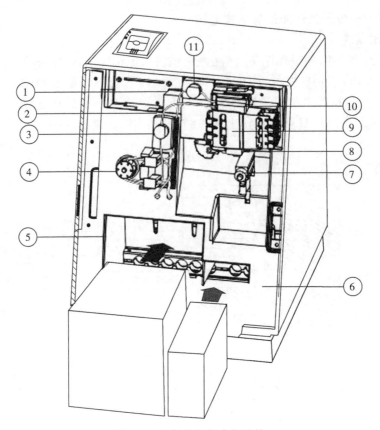

图 4-7　血气分析仪内部结构
①液管；②参比管；③电磁阀（参比液）；④蠕动泵及泵管；⑤试剂包入口；⑥质控包入口；⑦采样针；⑧空气检测器；⑨电极座；⑩参比电极；⑪电磁阀（废液）。

一定电压，血液内 O_2 在 Pt 阴极处被还原，同时形成一稳定的电解电流，通过测定该电流变化从而测定血样中的 PO_2。

2. 管路系统　通常由气瓶、溶液瓶、连接管道、电磁阀、正压泵和转换装置等部分组成，是完成自动定标、自动测量、自动冲洗等功能而设置的关键部分。

3. 电路系统　主要是针对仪器测量信号的放大和模数转换，显示和打印结果。近年来血气分析仪的发展多体现在电路系统的升级，在电脑程序的执行下完成自动化分析过程。

二、血气分析仪的使用方法

开机→分析前准备→定标→质控→分析样本→结果查看。

（一）开机

打开电源，仪器会自动冲洗、校准至 READY 状态。

（二）分析前准备

观察缓冲液、冲洗水、清洗液、气体压力是否足够，管道有无堵塞。

（三）定标

仪器通过定标来测定 pH、PCO_2、PO_2、$SO_2\%$、HCT、Na^+、K^+、Cl^-、Ca^{2+}、Glu 和 Lact 的斜率。

（四）运行质控程序

选择质控物,按分析样本步骤检测(质控品在 25℃条件下复温 24h)。参考质控盒内的说明书检查结果。

（五）分析样本

仪器可以通过内置的适配器从水平位置吸入毛细管标本,或通过与水平位置成 30° 角的进样口吸入注射器、开口的安瓿或试管等其他容器的标本进行测定。

（六）结果查看

所有结果都存在仪器的缓冲器中,只能在结果回顾菜单中查看。

三、血气分析仪的日常维护与常见故障排除

（一）血气分析仪的日常维护

血气分析仪在检验设备中处于很重要的地位,血气分析要求样本在采出的最短时间内得到测定,以保证获得的数据有较高的可信度,从而帮助临床医生进行快速准确的临床分析以及为制订治疗方案提供可靠、科学的依据。血气分析仪的无故障使用时间和寿命的长度离不开日常的精心保养和维护。

1. 工作前的维护保养　血气分析仪开机工作前,首先观察电源电压是否符合要求;其次观察增湿器的水位是否到位(可用蒸馏水调整);检查有关定标液是否使用过长时间(一般以 20d 为限);然后还要检查缓冲液、参比电极液、冲洗水是否足够,如量少则需更换。用过的但没用完的液体不要倒入新的液体,以免对新的液体造成不良影响;废液瓶的废液过多时要及时清除。

2. 电极保养

（1）pH 电极保养:用浸有无水乙醇或 75% 异丙醇的纱布包,轻轻地以圆周动作擦洗 pH 电极顶端,以除去污积在电极上的脂类和蛋白质,直至顶端明亮发光为止。

（2）PCO₂ 电极保养:卸下血气分析仪电极罩,将 PCO_2 电极浸泡在装有氢氧化钾(KOH)溶液、底部垫有纱布的烧杯里,要注意不能让 KOH 溶液流入电极内部,否则会毁坏电极内部基准电线。浸泡 5min 左右取出,用蒸馏水冲洗干净,更换电极液后换上电极膜即可。

> 考点提示:
> 如何做好血气分析仪的电极保养

（3）PO₂ 电极保养:卸去血气分析仪电极罩后,在纱布上涂上 PO_2 电极清洁膏,滴上数滴蒸馏水,然后将纱布放在手掌心,将 PO_2 电极顶端垂直后与电极膏、纱布接触并做转动摩擦,除去电极噪声银沉积物。然后用蒸馏水冲洗电极除去电极膏,再用 PO_2 电极液冲洗电极,最后换上电极膜套及电极膜。

（4）参比电极的保养:参比电极漂移或不稳定常是由于电极液 KCl 不饱和或摩尔浓度未达到,其盐桥作用发生变化。首先观察血气分析仪电极内有无 KCl 结晶,如果没有,要及时加入纯的 KCl 粉剂适量,再加入去离子水至满,装回电极罩拧紧,擦去电极罩外的水分,同时擦除电极腔内的 KCl 和水分,最后装回参比电极。

（二）血气分析仪常见故障排除

以 stat profile pHOx 血气分析仪为例,介绍血气分析仪的常见故障及其排除方法(表 4-1)。

表 4–1　血气分析仪常见故障及其排除方法

故障现象	排除方法
质控问题	
pH 结果偏高	1. 质控温度控制在 25℃左右
	2. 检查定标斜率是否小于 9.5
	3. 用 pH 保养液保养电极
	4. 做流速测试
pH 结果偏低	1. 全血保养
	2. 做流速测试
PO₂ 结果偏高	1. 质控温度控制在 25℃左右
	2. 检查系统是否漏气
PO₂ 结果偏低	1. 质控温度控制在 25℃左右
	2. 清洗预热器和采样针
	3. 流路清洁
	4. 检查废液管是否堵塞
	5. 更换新膜
PCO₂ 结果偏高	1. 质控温度控制在 25℃左右
	2. 检查斜率是否偏低
	3. 更换新膜
	4. 更换电极
PCO₂ 结果偏低	1. 质控温度控制在 25℃左右
	2. 排除电极腔的气泡
	3. 全血保养
相关问题	
pH、Na⁺ 同时超出范围	更换参比液,清洗或更换参比电极
气体偏低 /pH 偏高	外质控温度是否保存在 25℃左右
气体偏高 /pH 偏低	外质控温度是否保存在 25℃左右
气体项目漂移	检查气压计

第四节　电　泳　仪

电泳是指带电荷的溶质或粒子在电场中向着与其本身所带电荷相反的电极移动的现象。利用电泳现象将多组分物质分离、分析的技术叫作电泳技术,可以实现电泳分离技术的仪器称为电泳仪。

一、电泳仪的工作原理与基本结构

(一)工作原理

物质分子在正常情况下一般不带电,即所带正负电荷量相等,故不显示带电性。但是在一定的物理作用或化学反应条件下,某些物质分子会成为带电的离子(或粒子),不同的物质由于其带电性质、颗粒形状和大小不同,因而在一定的电场中的移动方向和移动速度也不同,因此可使它们分离(图 4–8)。

若将带电量为 Q 的粒子放入电场,则该粒子所受到的电荷引力为

$$F_引 = E \cdot Q$$

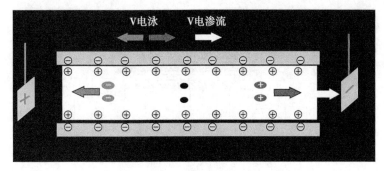

图 4-8　电泳仪的工作原理

在溶液中,运动粒子与溶液之间存在阻力 $F_{阻}$

$$F_{阻}=6\pi r\eta v$$

当 $F_{引}=F_{阻}$ 时

$$EQ=6\pi r\eta v$$

$$v=EQ/6\pi r\eta$$

由上式可以看出,粒子的移动速度(泳动速度 v)与电场强度(E)和粒子所带电荷量(Q)成正比,而与粒子的半径(r)及溶液的黏度(η)成反比。

（二）基本结构

常用电泳设备的基本结构包括电源、电泳槽、附加装置(图 4-9)。

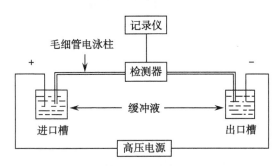

图 4-9　毛细管电泳仪结构示意图

1. 电泳电源　是建立电泳电场的装置,通常为稳定(输出电压、输出电流或输出功率)的直流电源,并要求能方便地控制电泳过程中所需电压、电流或功率。

2. 电泳槽　是样品分离的场所,槽内装有电极、缓冲液槽、电泳介质支架等(图 4-10)。

3. 辅助设备　包括恒温循环冷却装置、伏时积分器、凝胶烘干器等,有时还有分析检测装置。

二、电泳仪的使用方法

1. 首先用导线将电泳槽的两个电极与电泳仪的直流输出端连接,注意极性不要接反。

2. 电泳仪电源开关调至关的位置,电压旋钮转到最小,根据工作需要选择稳压稳流方式及电压电流范围。

3. 接通电源,缓缓旋转电压调节钮直至所需电压为止,设定电泳终止时间,此时电泳即开始。

4. 工作完毕后,应将各旋钮、开关旋至零位或关闭状态,并拔出电泳插头。

> 思考:
> 电泳的影响因素有哪些?

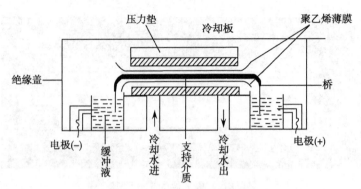

图4-10 平卧式电泳槽装置示意图

三、电泳仪的日常维护与常见故障排除

自动化电泳仪每天使用完后,需要严格的维护保养。常见维护保养如下:

(一)电泳仪的日常维护

1. 日维护保养 使用完毕后用蒸馏水浸湿纸张清洗电泳槽。

2. 周维护保养 用肥皂水清洗电泳槽,并用蒸馏水清洗,晾干。

(二)电泳仪的常见故障排除

故障实例1

【故障现象】电脑控制电泳仪过压报警。

【故障分析】可能因为电泳槽未加缓冲液或电泳槽铂金丝被熔断。

【检修方法】

(1)检查是否空载使用。

(2)是否电泳槽未加缓冲液。

(3)是否电泳槽铂金丝断。

故障实例2

【故障现象】转盘识别错误。

【故障分析】可能是细微灰尘吸附在灯上。

【检修方法】仪器关机,用干净棉签轻拭去灯上面的灰尘。仪器开机后再进行C32的测定。

故障实例3

【故障现象】样品识别错误。

【故障分析】可能是血清分离不好或者有灰尘吸附。

【检修方法】关机状态,拆开仪器内透明有机玻璃,用无水乙醇擦拭加样针外壁,然后安装好,再用仪器内程序进行加样针清洗,洗完1~2次后,进行C27加样针加样感应定标。

故障实例4

【故障现象】电泳时出现峰丢失。

【故障分析】

(1)未接入检测器,或检测器不起作用。

(2)进样温度太低或柱箱温度太低。

(3)无载气流。

【检修方法】

(1)检查设定值。

（2）检查温度，并根据需要调整。

（3）检查压力调节器，并检查泄漏，验证柱进品流速。

故障实例 5

【故障现象】出现漏电现象。

【故障分析】可能有液体或其他杂物溅入内部。

【检修方法】

（1）检查是否有液体溅入仪器内部或输出接口上。

（2）是否有很多灰尘落入仪器内部。

本章小结

　　自动生化分析仪是检验科的重要仪器设备，通过检测人体血液、体液、脑脊液等标本中的化学物质，为临床医生提供疾病诊断、预后判断等重要的信息。自动生化分析仪主要由样品系统、检测系统、供排水系统和数据处理系统组成，分为连续流动式生化分析仪、离心式生化分析仪、分立式生化分析仪和干化学式生化分析仪四类。自动生化分析仪必须建立仪器使用规范，加强仪器日常维护保养。为确保临床检验工作的顺利开展，必须对自动生化分析仪的故障进行正确分析并及时排除。

　　电解质分析仪是一种常用于检测体液中钾（K^+）、钠（Na^+）、氯（Cl^-）、钙（Ca^{2+}）等电解质含量的自动化分析仪器，其测定原理为离子选择电极分析法（ISE）。常用的电解质分析仪主要由离子选择性电极、参比电极、测量室、测量电路、控制电路、驱动电机和显示器等组成。不同的仪器有不同的使用方法，电解质分析仪很多都安装有自带的故障诊断程序，能够在开机及运行过程中，自动检测仪器的控制系统及执行部件是否正常运行，如有故障，仪器立即报警并将故障信息显示在仪器的显示屏上。对于临床检验工作者，应该熟悉仪器的常见故障，并分析原因，学会排除故障，保证仪器的正常运行。

　　血气分析仪是用来测量血液中的酸碱度（pH）、二氧化碳分压（PCO_2）和氧分压（PO_2）的仪器，其基本结构包括电极系统、管路系统和电路系统三大部分。由于血气分析仪的高度智能化和自动化，做好日常的设备维护和保养是十分重要的，它可以减少血气分析仪的故障率，提高血气分析仪的使用率，延长血气分析仪寿命，节省投入费用。所以，作为一名检验技术或者设备维护人员，在血气分析仪日常使用和维护保养工作中，要不断总结经验，才能找到一条符合客观规律的工作办法，最大限度提高自己的工作效率。

　　电泳仪是根据带电荷的溶质或粒子在电场中向着与其自身所带电荷相反的电极移动将多组分物质进行分离、纯化和测定的一种仪器。临床上常用的电泳分析方法主要有醋酸纤维素薄膜电泳、凝胶电泳、等电聚焦电泳和毛细管电泳。目前临床实验室的电泳仪主要用于分离鉴定多种体液中的蛋白质、同工酶等。

目 标 测 试

一、单项选择题

1. 自动生化分析仪最常用的温度是

A. 20℃　　　　　B. 25℃　　　　　C. 30℃　　　　　D. 37℃　　　　　E. 40℃

2. 自动生化分析仪可分为连续流动式生化分析仪、离心式生化分析仪、分立式生化分析仪和干化学式生化分析仪四类,其分类原则是

A. 单通道和多通道数量　　　　　　B. 仪器可测定项目的多少

C. 仪器的结构和原理不同　　　　　D. 测定程序是否改变

E. 是否可以同步分析

3. 电解质分析仪的电极内充液降低最严重的电极是

A. 钾电极　　　　　　　　B. 钠电极　　　　　　　　C. 氯电极

D. 钙电极　　　　　　　　E. 参比电极

4. 电解质分析仪出现故障,提示"检测不到样本液",下列可能的解决方法,除外

A. 重复检查样本观察针有没有探测到样本

B. 检查测量管道之间的 O 形密封圈是否完好

C. 检查样本管路是否堵塞

D. 检查管道是否有破裂或松动,泵管是否老化

E. 检查保险丝是否熔断

5. 血气分析中的血液样本在管路系统中的抽吸作用下,首先进入的是

A. 恒温室　　　　　　　B. 样品室的测量毛细管　　　C. 电磁阀

D. 气瓶　　　　　　　　E. 加压泵

6. 血气分析仪的 PCO_2 电极属于

A. 酶电极　　　　　　　B. 玻璃电极　　　　　　　C. 气敏电极

D. 甘汞电极　　　　　　E. 金属电极

7. 大多数蛋白质电泳用巴比妥或硼酸缓冲液的 pH 是

A. 7.2~7.4　　　　　　　B. 7.4~7.6　　　　　　　C. 7.6~8.0

D. 8.2~8.8　　　　　　　E. 8.8~9.2

8. 下列有关电泳时溶液的离子强度的描述中,错误的是

A. 溶液的离子强度对带电粒子的泳动有影响

B. 离子强度越高,电泳速度越快

C. 离子强度太低,缓冲液的电流下降

D. 离子强度太低,扩散现象严重,使分辨力明显降低

E. 离子强度太高,严重时可使琼脂板断裂而导致电泳中断

二、简答题

1. 自动生化分析仪的常见故障有哪些? 如何排除?

2. 简述电解质分析仪整个液体管路中最容易堵塞的四个地方及其排除方法。

3. 血气分析仪的日常维护保养有哪些?

4. 血气分析仪的工作原理是什么?

5. 简述溶液的 pH 对电泳速度的影响。

6. 简述电泳、电泳技术的概念。

（朱荣富　罗　金　李　庆　吴博文）

第五章　血液细胞分析仪

05章 课件

第五章 课件

学习目标 ··

1. 掌握：血液细胞分析仪的日常维护和常见故障及排除。
2. 熟悉：血液细胞分析仪的使用方法。
3. 了解：血液细胞分析仪的工作原理和基本结构。

　　血液细胞分析仪（BCA）又称血液自动分析仪（AHA）、血细胞自动计数仪（ABCC）等，是对一定体积全血内血细胞种类、数量和异质性进行自动分析的常规检验仪器。血细胞分析仪除了完成红细胞、白细胞、血小板系列的计数外，还承担许多相关参数的检测。

　　1947年美国科学家库尔特（W.H.Coulter）发明了用电阻法计数粒子的专利技术。1956年他又将这一技术应用于血细胞计数获得成功，这种方法称为电阻法或库尔特原理。1962年，我国第一台血细胞计数仪在上海研制成功。到了20世纪60年代血细胞分析仪除可进行血细胞计数外，还可以同时测定血红蛋白；70年代，血小板计数仪问世；80年代相继开发了白细胞的三分群及五分类血细胞分析仪；90年代，开发出了可对网状红细胞进行计数的血细胞分析仪，同时五分类及幼稚细胞检测更成熟，并发展成为血细胞分析仪全自动流水线技术。

　　血液细胞分析仪种类很多，按自动化程度可分为半自动血液细胞分析仪、全自动血液细胞分析仪、血细胞分析工作站、血细胞分析流水线；按检测原理可分为电容型、光电型、激光型、电阻抗型、联合检测型、干式离心分层型、无创型；按对白细胞的分类水平可分成二分群、三分群、五分群、五分群＋网织红细胞型分析仪。

第一节　血液细胞分析仪的工作原理与基本结构

一、血液细胞分析仪的工作原理

（一）工作原理

　　血液细胞分析仪的工作原理有电阻抗法、光电技术法和激光计数法。电阻抗法简单实用，普遍采用。这里只介绍电阻抗法血细胞计数原理。

　　血细胞是电的不良导体，将血细胞置于电解液中，由于细胞很小，一般不会影响电解液的导通程度。但是，如果构成电路的某一小段电解液截面很小，其尺度可与细胞直径相比拟，当有细胞浮游到此时，将明显增大整段电解液的等效电阻（图5-1）。如果该电解液外接恒流源（不论负载阻值如何改变，均提供恒定不变的电流），则此时电解液中两极间的电压是增大的，产生的电压脉冲信号与血细胞的电阻率成正比。由于各种血细胞直径不同，所以其电

> 考点提示：
> 血细胞分析仪电阻抗法检测原理

阻率也不同,所测得的脉冲幅度也不同。脉冲大小、振幅高低随细胞体积大小产生变化,即细胞体积越大,引起的脉冲信号越大,产生的脉冲振幅越高,这种方法也称为库尔特原理。根据这一特点就可以对各种血细胞进行分类计数。

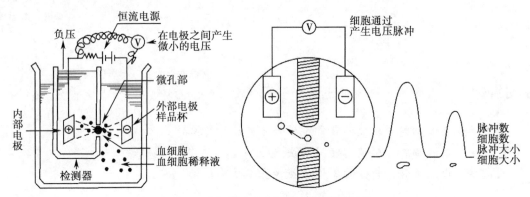

图 5-1 电阻抗法血细胞分析仪检测原理

血细胞分析仪在进行血细胞分析时分为两个检测通道分别进行计数分析,白细胞为一个检测通道,红细胞和血小板为另一个检测通道。

白细胞检测分析时,需要先加溶血素溶解红细胞再送入检测通道进行分析。因库尔特细胞计数原理是以细胞体积的大小来计数和区分细胞的,所以该法仅能将白细胞按体积的大小分为三群(图 5-2):第一群为小细胞区,体积为 35~90fl,主要为淋巴细胞;第二群为中间细胞区也称单个核细胞区,体积 90~160fl,包括幼稚细胞、单核细胞、嗜酸性粒细胞、嗜碱性粒细胞;第三群为大细胞区,体积 160fl 以上,主要为中性粒细胞。这种白细胞的分类计数是较粗的筛选方法,难以完成准确的白细胞分类。

> 考点提示:
> 白细胞电阻抗法三分群

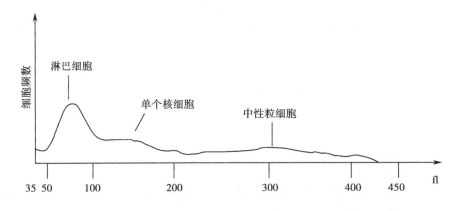

图 5-2 电阻抗血细胞分析仪白细胞体积示意图

红细胞和血小板共用一个检测通道,正常人红细胞体积和血小板体积间有明显的差异,因此,仪器中的计算机系统很容易将红细胞和血小板据体积大小区分计数。

(二)白细胞分类计数原理

电阻抗血细胞分析仪只能依据白细胞体积的大小将其分为大、中、小三群,分类准确度不高,不能为临床提供更有价值的检验信息。为了满足临床需求,随着科技的进步,诞生了使用多项技术的联合检测型血液细胞分析仪。

目前,世界众多的生产血细胞分析仪厂家大致使用了四大白细胞分类技术,即选用流式、激光、射频、电导、电阻抗、细胞化学染色等两种以上技术同时分析一个细胞,综合分析检测数据,从而得出较为准确的白细胞"五分类"结果。下面根据工作原理分别予以介绍。

1. 容量、电导、光散射联合检测技术 又称 VCS 技术,检测原理见图 5-3。体积(V)表示应用电阻抗原理测定细胞体积。电导性(C)是根据细胞内部结构能影响高频电流传导的特性,采用高频电磁探针测量单个细胞,反映不同细胞内核质比例、质粒的大小和密度的差异,从而区分体积完全相同而性质不同的两个细胞。光散射(S)表示对细胞颗粒的构型和颗粒质量的鉴别能力。

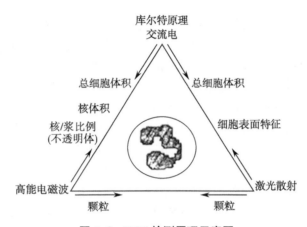

图 5-3　VCS 检测原理示意图

使用 VCS 技术后,每个细胞通过检测区时,都会接受三维分析,不同的细胞在细胞体积、表面特征、内部结构等方面完全一致的概率很小。仪器根据细胞体积、电导性和光散射的不同,综合三种检测方法所得到的检测数据,经仪器内设计算机处理,可以得出细胞分布图,进而计算出实验结果。

2. 光散射与细胞化学技术联合白细胞分类计数 这类仪器联合利用激光散射和过氧化物染色技术进行白细胞分类计数(图 5-4)。嗜酸性粒细胞有很强的过氧化氢酶活性,中

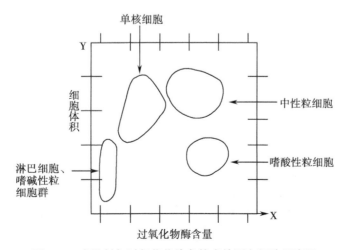

图 5-4　光散射与过氧化物染色技术检测白细胞示意图

性粒细胞有较强的过氧化氢酶活性,单核细胞次之,而淋巴细胞和嗜碱性粒细胞无此酶。如果将血液经过氧化物染色,胞质内即可出现不同的酶化学反应。染色后的细胞通过测试区时,由于酶反应强度不同(阴性、弱阳性、强阳性)和细胞体积大小不同,激光束射到细胞时,所得前向角和散射角不同,以 X 轴为吸光率(酶反应强度),Y 轴为光散射(细胞大小)。每个细胞产生的两个信号并结合定位在细胞图上。计算机系统对存储的资料进行分析处理,并结合嗜碱性粒细胞 / 分叶核通道结果计算出白细胞总数和分类计数结果。

3. 电阻抗与射频技术联合白细胞分类计数　利用电阻抗、射频细胞计数结合细胞化学技术,通过四个不同检测系统对白细胞、幼稚细胞进行分类和计数:①嗜酸性粒细胞检测系统;②嗜碱性粒细胞检测系统;③淋巴、单核、粒细胞(中性、嗜碱性、嗜酸性)检测系统;④幼稚细胞检测系统。

4. 多角度偏振光散射白细胞分类技术　其原理是将一定体积的全血标本用鞘流液按适当比例稀释,白细胞内部结构近似自然状态。由于嗜碱性粒细胞颗粒具有吸湿特性,结构有轻微改变。红细胞内部的渗透压高于鞘液的渗透压,血红蛋白从细胞内游离出来,而鞘液内的水分进入红细胞中。细胞膜的结构仍然完整,由于此时红细胞折光指数与鞘液相同,红细胞不干扰白细胞的检测。所以通过四个角度就可以测定细胞的散射光强度(图 5-5)。①前向角(0°)光散射强度,反映细胞的大小和数量。②小角度(10°)光散射强度,反映细胞结构和核质复杂性的相对特征。③垂直角度(90°)光散射强度,反映细胞内颗粒和分叶状况。④垂直角度(90°)消偏振光散射强度,利用嗜酸性颗粒可以将垂直角度的偏振光消偏振的特性,将其与其他颗粒细胞区别开来。这四个角度对每个白细胞进行测量,通过计算机综合分析,将白细胞分为中性粒细胞、嗜酸性粒细胞、嗜碱性粒细胞、淋巴细胞和单核细胞五种。

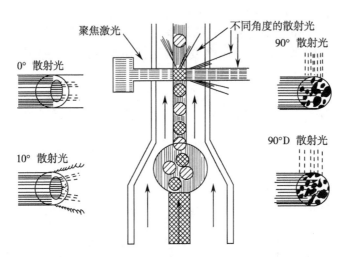

图 5-5　鞘流与多角度偏振光散射计数示意图

(三)血红蛋白测量原理

血红蛋白采用光电比色原理间接测量。血细胞悬液中加入溶血剂后,红细胞溶解并释放出血红蛋白,后者与溶血剂中有关成分结合形成血红蛋白衍生物,进入血红蛋白测试系统。在特定波长(多为 530~550nm)下进行光电比色,吸光度值与所含血红蛋白含量成正比,经仪器计算显示出血红蛋白浓度。

不同型号血细胞分析仪配套的溶血剂配方不同,形成血红蛋白衍生物也不同,吸收光谱也有差异,但最大吸收峰都接近540nm。因为国际血液学标准化委员会(ICSH)推荐的氰化高铁(HiCN)法的最大吸收峰在540nm,仪器血红蛋白的校正必须以HiCN值为准。

（四）网织红细胞计数原理

临床上对网织红细胞采用激光流式细胞分析技术与细胞化学荧光染色技术联合对网织红细胞进行分析,即利用网织红细胞中残存的嗜碱性物质RNA,在活体状态下与特殊的荧光染料结合,激光激发产生荧光,荧光强度与RNA含量成正比,用流式细胞技术检测单个的网织红细胞的大小和细胞内RNA的含量及血红蛋白的含量,由计算机数据处理系统综合分析检测数据,得出网织红细胞计数及其他参数。

二、血液细胞分析仪的基本结构

各类型血细胞分析仪结构各不同,但大都由机械系统、电子系统、血细胞检测系统、血红蛋白测定系统、计算机和键盘控制系统等以不同的形式组成。整机结构见图5-6。

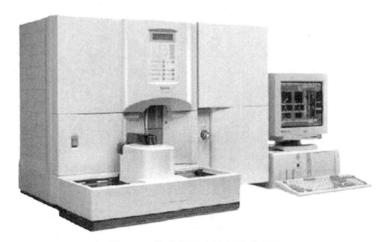

图 5-6　临床常用血液细胞分析仪

（一）机械系统

各类型的血细胞分析仪虽结构各有差异,但均有机械装置(如全自动进样针、分血器、稀释器、混匀器、定量装置等)和真空泵,以完成样品的吸取、稀释、传送、混匀,以及将样品移入各种参数的检测区。此外,机械系统还发挥清洗管道和排除废液的功能。

（二）电子系统

主要由主电源、电压元器件、控温装置、自动真空泵电子控制系统以及仪器的自动监控、故障报警和排除等组成。

（三）血细胞检测系统

国内常用的血细胞分析仪,使用的检测技术可分为电阻抗检测技术和光散射检测技术两大类。

1. 电阻抗检测技术　由检测器、放大器、甄别器、阈值调节器、检测计数系统和自动补偿装置组成。这类主要用在"二分类"或"三分类"仪器中。

2. 光散射检测技术　由激光光源、检测装置和检测器、放大器、甄别器、阈值调节器、检测计数系统和自动补偿装置组成。这类主要应用于"五分类、五分类 + 网织红"的仪器中。

（四）血红蛋白测定系统

由光源、透镜、滤光片、流动比色池和光电传感器等组成。

（五）计算机和键盘控制系统

计算机在血细胞分析仪中的广泛应用,使得检测报告的参数不断增加。微处理器 MPU 具有完整的计算机中央处理单元（CPU）的功能。包括算数逻辑部件（ALU）寄存器、控制部件和内部总线四个部分。此外还包括存储器输入/输出电路。输入/输出电路是 CPU 和外部设备之间交换信息的接口。外部设备包括显示器、键盘、磁盘打印机等。键盘是血细胞分析仪的控制操作部分,通过控制电路将键盘与内置电脑相连,主要有电源开关、选择键、重复计数键、自动/手动选择、样本号键、计数键、打印键、进纸键、输入键、清除键、清洗键、模式键等。

（六）血细胞分析仪检测流程

全自动和半自动血细胞分析仪的工作流程大致相同（图 5-7）。

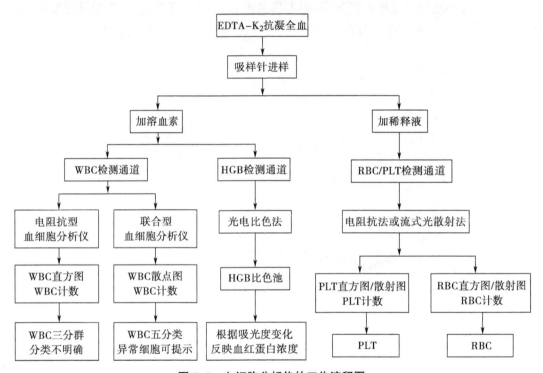

图 5-7　血细胞分析仪的工作流程图

第二节　血液细胞分析仪的使用方法

血液细胞分析仪的操作包括以下几个关键的步骤。

一、开机前的准备

检查稀释液、冲洗液、溶血剂是否足量,有无混浊变质,试剂管道有无扭结,并倒空废液瓶。检查记录仪、打印纸是否充足,安装是否到位。

二、开机

1. 按下机器后部的开关键,电源指示灯亮。

2. 主机进行内部初始化。

3. 仪器自检系统硬件工作是否正常,试剂是否足量,完毕后进入计数界面。

三、本底检查

出现计数界面后,机器将自动测量的本底数值显示在屏幕上,本底结果要求:WBC(白细胞)≤0.3、RBC(红细胞)≤0.03、HGB(血红蛋白)≤1、PLT(血小板)≤10。如果本底没有达到仪器的要求,仪器将提示"本底异常",请执行清洗或维护程序。

四、全血测量

1. 在计数界面下,按[模式]键,将模式设置为"全血"。

2. 用 EDTA-K$_2$ 作抗凝剂取抗凝血标本(EDTA-K$_2$ 用量为 1.5~2.2mg/ml),混匀抗凝血后,将血样放在采样针下,让采样针插入抗凝血,按[开始]键,计数开始,当采样针抬起后移开血样,约 1min 后仪器显示计数结果。

五、末梢血测量

1. 在计数界面下,按[模式]键,将模式设置为"末梢血"。

2. 按[稀释液]键,按[开始]键,用试管从采样针下取一定体积的稀释液,将毛细吸管采取的 20μl 末梢血标本迅速注入盛有稀释液的试管中,制成稀释血样(注意针刺要深,拭去第一滴血),然后混匀(注意不要剧烈震荡,否则有可能会因产生微小气泡导致计数值不准)。将该预稀释血样放置 3min 后,再次摇匀,放于采样针下,按[开始]键计数。

六、关机

1. 每天测试完毕一定要有 E-Z 清洗液执行关机程序。

2. 约 1min 后,屏幕提示可以关闭电源后再关掉主机电源。

3. 检查废液桶,妥善处理废液。

第三节　血液细胞分析仪的日常维护与常见故障排除

一、血液细胞分析仪的日常维护

为使血液细胞分析仪保持最佳状态条件,除对仪器的正确使用外,精心保养与维护是十分关键的环节。它既保证了仪器正常运作,又提高仪器测量的准确性,减少故障率,延长仪器的使用寿命。

(一)血液细胞分析仪的安装与校准

1. 安装　血细胞分析仪应安装在一个洁净的环境内并放置在平稳的试验台上,位置应相对固定。阳光不宜直射,环境温度应在 15~30℃,避免在阴暗潮湿处安放仪器。电源要求稳定,配稳压器。

2. 校准　血细胞分析仪在出厂前已经过厂方技术鉴定合格,但由于运输振动、故障维修后或长时间停用后再启用等原因,以及正常使用半年以上或认为有必要时,都必须对仪器进行校准及性能测试。校准时,按说明书要求用厂家的配套校准物进行校准。

(二)血液细胞分析仪的维护

1. 分析前保养

(1)检查仪器所处环境,应满足必要的温湿度。当仪器温度低于 15℃时,仪器报警,无法运行。

(2)检查电源电压。

（3）检查试剂管路连接状况良好，有充足的试剂，倒空废液等。

2. 定期保养

（1）用稀释液执行开机程序，用 E-Z 液执行关机程序。

（2）若每天正常关机，每 3d 进行一次"探头清洗液浸泡"操作。

（3）若 24h 开机使用，应每天进行一次"探头清洗液浸泡"操作。

（4）每月对采样针位置进行校正。

（5）定期检查清洗滤网，每半年要更换真空过滤网。

3. 常规维护

（1）废液瓶要及时清空，切勿强行扯动连接管来打开瓶盖，检查废液瓶是否漏气，防止低真空出现。

（2）当出现堵孔时，按自动冲洗键冲洗管道。

（3）关机前对检测器的微孔进行清理冲洗，并定期卸下检测器，用 5% 次氯酸钠浸泡清洗。

（4）计数期间，及时按"反冲键"，冲掉沉积变性的蛋白质。

（5）仪器报"堵孔"故障时，按"排堵"键进行人工排堵，或在菜单中"维护"界面进行"反冲宝石孔"或"灼烧宝石孔"操作。

（6）定期对处于监测范围边缘的项目进行必要的调整，及时发现故障隐患，杜绝故障发生。

二、血液细胞分析仪的常见故障排除

现代血液细胞分析仪有很好的自我诊断功能，若有故障发生时，内置电脑的错误检查功能显示出"错误信息"，并伴有警报声。

（一）开机时的常见故障

1. 开机指示灯及显示屏不亮　检查电源插座、电源引线、保险丝。

2. "RBC 或 WBC 电路错误"　多为计数电路中的故障，参照使用说明书检查内部电路，必要时更换电路板。

3. "RBC 或 WBC 吸液错误"　稀释液供应不足或进液管不在正确的位置上。解决办法：提供稀释液、正确连接进液管。

（二）测试过程中常见的错误信息

1. 堵孔　检测器的微孔堵塞是影响检验结果准确性最常见的原因。根据微孔堵塞的程度，将其分为完全堵孔和不完全堵孔两种。当检测器小孔管的微孔完全阻塞或泵管损坏时，血细胞不能通过微孔，不能计数，仪器在屏幕上显示"GLOG"，为完全堵孔。

（1）不完全堵孔的主要判断方法

1）观察计数时间。

2）观察示波器波形。

3）看计数指示灯闪动。

4）听仪器发出的不规则间断声音。

（2）常见堵孔原因与处理方法

1）仪器长时间不用，试剂中的水分蒸发、盐类结晶堵孔。处理方法：可用去离子水浸泡，待完全溶解后，按"CLEAN"键清洗。

2）末梢采血不顺或用棉球擦拭微量取血管。

3）静脉采血不顺或抗凝剂量与全血不匹配,导致血液中有小凝块。

4）小孔管微孔蛋白沉积多,需清洗。

5）样本杯未盖好,空气中的灰尘落入杯中。

后四种原因,一般按"CLEAN"键进行清洗,若仍然不能计数,需小心卸下检测器按仪器说明书进行清理。

2. "流动比色池"提示或 HGB 测定重现性差　多为 HGB 流动池污染所致。按 CLEAN 键清洗 HGB 流动池。若污染严重,需小心卸下比色杯,用 3%~5% 的次氯酸钠溶液清洗。

3. "气泡"提示多为压力计中出现气泡,按"CLEAN"键清洗,再测定。

4. "溶血剂错误"提示　多因溶血剂与样本未充分混合。处理办法:重新测定另一个样本。

5. "噪音"提示　多为测定环境中有噪音干扰、接地线不良或泵管小孔管较脏所致。将仪器与其他噪音大的设备分开,确认良好接地,清洗泵管或小孔管。

6. 细胞计数重复性差　多为小孔管脏或环境噪音大。处理办法同 1 和 5。

本章小结

血液细胞分析仪是对一定体积全血内血细胞种类、数量和异质性进行自动分析的常规检验仪器。血细胞分析仪除了完成红细胞、白细胞、血小板系列的计数之外,还承担许多相关参数的检测。血液细胞分析仪的设计基础是电阻抗法检测原理,而联合检测型血液细胞分析仪主要是在白细胞分类计数进行改进,通过使用流式细胞技术、激光、射频、电导、电阻抗联合检测、细胞化学染色等技术同时分析一个细胞,从而准确地得出白细胞"五分群"结果。血液细胞分析仪主要由机械系统、电子系统、血细胞检测系统、血红蛋白测定系统、计算机和键盘控制系统等组成,而血细胞检测系统又分为电阻抗型检测系统和光散射检测系统。血液细胞分析仪是精密电子仪器,因此在安装、使用以及日常维护要仔细阅读仪器操作说明书,确保仪器正常运行。

目 标 测 试

一、单项选择题

1. 血液细胞分析仪是用来检测

A. 红细胞异质性　　　　　　　　　B. 白细胞异质性

C. 血小板异质性　　　　　　　　　D. 全血内血细胞异质性

E. 网织红细胞异质性

2. 电阻抗检测原理中,脉冲、振幅和细胞体积之间的关系是

A. 细胞越大,脉冲越大,振幅越小　　B. 细胞越大,脉冲越小,振幅越小

C. 细胞越大,脉冲越大,振幅越大　　D. 细胞越小,脉冲越小,振幅不变

E. 细胞越小,脉冲越小,振幅越大

3. 电阻抗型血细胞分析仪的缺点是只能将白细胞按体积大小分为

A. 一个亚群　　　　　　　　　　　B. 两个亚群

C. 三个亚群或两个亚群　　　　　　D. 四个亚群

E. 五个亚群

4. 血液分析仪测定血红蛋白采用的是

A. 光散射原理　　　　　B. 光衍射原理　　　　　C. 光比色原理

D. 透射比浊原理　　　　E. 散射比浊原理

5. 白细胞的三分群分类中,第三群细胞区中主要是

A. 淋巴细胞　　　　　　B. 单核细胞　　　　　　C. 嗜酸性粒细胞

D. 嗜碱性粒细胞　　　　E. 中性粒细胞

6. 下列不属于血细胞分析仪维护的是

A. 检测器维护　　　　　　　　　B. 液路维护

C. 清洗小孔管微孔沉积蛋白　　　D. 样本中凝块的处理

E. 机械传动部分加润滑油

7. 下列不属于血细胞分析仪安装要求的是

A. 环境清洁　　　　　　B. 良好的接地　　　　　C. 电压稳定

D. 适宜的温度和湿度　　E. 机械传动部分加润滑油

8. VCS 技术是指

A. 激光流式细胞分析与细胞化学荧光染色计数

B. 电阻抗、射频与细胞化学技术

C. 多角度激光散射、电阻抗技术

D. 光散射与细胞化学技术

E. 电容、电导、光散射计数

9. 三分群血液分析仪是指

A. 将血细胞分为白细胞、红细胞、血小板

B. 将白细胞分为小细胞、中间细胞、大细胞

C. 将血细胞分为成熟红细胞、有核红细胞、网织红细胞

D. 将血小板分为正常、大血小板、小血小板

E. 分为血细胞、血浆及其他

10. 下列部件中,不属于血红蛋白测定系统的是

A. 光源　　　　　　　　B. 透镜　　　　　　　　C. 滤光片

D. 小孔管　　　　　　　E. 检测装置

11. 下列不属于血细胞分析仪仪器基本结构的是

A. 血细胞化学检测系统　　　　B. 机械系统、电子系统

C. 血细胞检测系统　　　　　　D. 血红蛋白测定系统

E. 计算机和键盘控制系统

12. 血细胞分析仪常见的堵孔原因不包括

A. 静脉采血不顺,有小凝块　　　B. 严重脂血

C. 小孔管微孔蛋白沉积多　　　　D. 盐类结晶堵孔

E. 用棉球擦拭微量取血管

二、简答题

1. 简述电阻抗血细胞检测原理。

2. 简述目前血细胞分析仪的四大类白细胞分类计数。

（韦雨含）

第六章　尿液检验常用仪器

学习目标 ···

1. 掌握：尿干化学分析仪和尿有形成分分析仪的日常维护和常见故障及排除。
2. 熟悉：尿干化学分析仪和尿有形成分分析仪的使用方法。
3. 了解：尿干化学分析仪和尿有形成分分析仪的工作原理与基本结构。

　　尿液分析是运用物理或化学的方法，结合显微镜镜检和尿液检验相关仪器，对尿液标本进行分析鉴定，达到诊断疾病、疗效观察、疾病的预后判断的目的。尿液分析是医院检验科和各级实验室常规检验之一，对疾病的诊疗有重要的作用。

第一节　尿干化学分析仪

　　尿干化学分析仪是利用干化学的方法测定尿中的某些化学成分的仪器。其主要特点是检测标本用量较少，速度快、项目多，重复性好，准确性较高，广泛应用于临床。

一、尿干化学分析仪的工作原理与基本结构

（一）工作原理

　　1. 尿干化学试带的结构和主要作用　将多种检测项目的试剂模块，按一定的间隔、顺序固定在同一个试带上，可同时检测多个项目。多联试带采用多层膜结构（表 6-1），其基本结构见图 6-1。

> 考点提示：
> 尿干化学试带
> 多层膜结构及
> 其主要作用

表 6-1　尿干化学试带多层膜结构及其主要作用

膜结构	主要作用
尼龙膜层	起保护作用，防止大分子物质对反应的污染
绒制层	碘酸盐层和试剂层，试剂层含试剂成分，主要与尿中所检测化学物质发生反应，产生颜色变化，碘酸盐层可破坏维生素 C 等干扰物质
吸水层	可使尿液均匀快速地渗入，并能抑制尿液流到相邻反应区
支持层	尿液不浸润的塑料片做成，起支持作用

　　不同型号的尿干化学分析仪使用配套的专用试带，且试剂模块的排列顺序也不相同。通常情况下，试带上的试剂模块比检测项目多一个空白块，有的还有参考块，也称固定块。增加空白块的目的是消除尿液本身的颜色在试剂膜块上分布不均所产生的测试误差，增加固定块的目的是在测试中，使每次测定试剂块的位置准确，避免由此引起的误差。

59

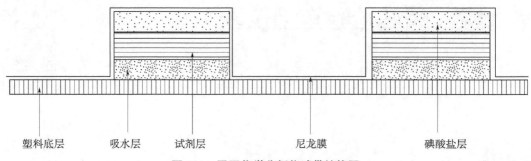

塑料底层　　吸水层　　试剂层　　　　　尼龙膜　　　　　碘酸盐层

图 6-1　尿干化学分析仪试带结构图

2. 尿干化学分析仪的检测原理　尿干化学分析仪的检测原理的本质是光的反射和吸收。将尿液样品直接加到已固化不同试剂的多联试剂带上,尿中相应的化学成分使尿多联试带上相应试剂膜块发生颜色变化,呈色深浅与尿液中相应物质的浓度成正比。将试带置于尿干化学分析仪的检测槽,各膜块依次受到仪器特定光源照射,颜色及其深浅不同,对光的吸收反射也不同。仪器将不同强度的反射光转换为相应的电信号,其电流强度与反射光强度成正相关,结合空白和参考膜块经计算机处理校正为测定值,最后以定性和半定量的方式报告检测结果。

（二）基本结构

尿干化学分析仪一般由机械系统、光学系统、电路系统三部分组成（图 6-2）。

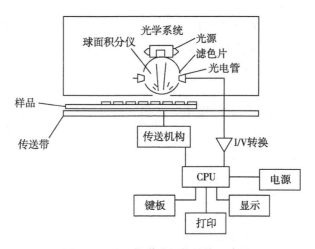

图 6-2　尿干化学分析仪结构示意图

1. 机械系统　包括传送装置、采样装置、加样装置、测量测试装置。其主要功能是将待检的试剂带传送到测试区,仪器测试结束后将试剂带排送到废物盒。

2. 光学系统　包括光源、单色处理、光电转换三部分。光线反射到反应物表面产生反射光,反射光强度与各项目的反应颜色成比例关系。不同强度的反射光再经光电转换器件转换成电信号并送到放大器处理。

3. 电路系统　其作用是将光电检测器的信号进行放大和运算处理,计算出最终测试结果,然后将结果输出到屏幕显示,并送打印机打印。

二、尿干化学分析仪的使用方法

（一）开机自检

开启电源，仪器开始自检程序，自检通过后进入待测试状态。

（二）质控带检测

在质控测试模式下测试，测试结果与定值结果符合后，才开始样本检测。如果失控，则先分析失控原因。

（三）样本检测

将多联尿干化学试带完全浸入尿液 1~2s 后取出，沿试管壁将试带上多余尿液沥干，必要时用滤纸吸去，然后将试带条置于检测槽中，按下测试键，仪器开始检测，检测完成后，结果自动传送到实验室信息系统（LIS），或手动传送。

（四）结果报告

检测结果通过屏幕显示出来，并送打印机打印。

（五）关机，废物处理

工作结束，进行清洁灌洗，完成后在出现提示时关机。

三、尿干化学分析仪的日常维护与常见故障排除

（一）尿干化学分析仪的日常维护保养

1. 日常维护　①操作前，仔细阅读说明书；每台仪器应建立操作程序，并按照操作程序进行操作。②专人负责，建立使用登记本，对仪器的使用情况、维护保养和故障等均需登记。③开机前，要读仪器进行全面的检查，确认无误后才能开机使用。测试结束，要对仪器进行必要的保养和维护。每天要清洗试纸条进纸器、清洗废气盒、处理废液。④未使用的尿试纸条，应该保存好放在专用的试纸瓶内，盖好瓶盖，保持干燥。

2. 保养　①要定期对仪器内部进行清洁，可用略湿的纱布擦去污物，电路用无水乙醇清洗即可。②光学部分清理，先将光学部分移出，然后用柔软的湿纱布擦拭光学部分。③各类尿液分析仪要根据仪器的具体情况进行每周或每月维护保养。

（二）尿干化学分析仪的常见故障排除

尿干化学分析仪在检验科中使用频率很高，如果操作不当，不注重保养和维护，仪器很容易出现故障。不同的仪器出现故障的原因和处理方法不尽相同。下面列出尿干化学分析仪常见故障及排除方法（表 6-2）。

> 考点提示：
> 尿干化学分析仪的常见故障与处理

表 6-2　尿干化学分析仪的常见故障及排除方法

常见故障	排除方法
光学系统故障	清洗光学系统玻片
光学检测头走动不畅，马达不良、定位片移位	清除故障物，检查马达，前后移动定位片
试纸条放置的位置不正确	试剂条向前放 按说明正确放置试纸条
感应头受干扰	避免强光下使用，调低仪器
试纸托盘未推到位	将试纸托盘向里推
系统故障	检修

第二节 流式细胞术尿沉渣分析仪

尿沉渣分析仪大致有两类:一类是通过尿沉渣直接镜检再进行影像分析,得出相应的技术资料与实验结果;另一类是流式细胞术分析。本节主要介绍流式细胞术尿沉渣分析仪。

一、流式细胞术尿沉渣分析仪的工作原理与基本结构

(一)工作原理

应用流式细胞术和电阻抗的原理。当一个尿液标本被稀释并经染色液染色后,靠液压作用通过鞘液流动池。当反应样品从样品喷嘴出口进入鞘液流动室时,被一种无粒子颗粒的鞘液包围,使每个细胞以单个纵列的形式通过流动池的中心(竖直)轴线,在这里每个尿液细胞被氩激光光束照射。每个细胞有不同程度的荧光强度、前向散射光强度和电阻抗的大小。仪器正是将这种荧光、散射光等光信号转变成电信号,并对各种信号进行分析,最后得到每个尿液标本生成的直方图和散射图。通过分析这些图形,即可区分每个细胞并得出有关细胞的形态。

> 考点提示:
> 流式细胞术尿沉渣分析仪的工作原理

仪器通过对前向散射光波形、前向荧光波形和电阻抗值的大小综合分析,得出细胞的信息并绘出直方图和散射图。仪器通过分析每个细胞信号波形的特性来对其进行分类。前向散射光信号主要反映细胞体积的大小,前向荧光信号主要反映细胞核的大小。其工作原理见图6-3。

(二)基本结构

基本结构包括光学检测系统、液压系统、电阻抗检测系统和电子系统(见文末彩图6-4)。

1. 光学检测系统 由氩激光(波长488nm)、激光反射系统、流动池、前向光采集器和前向光检测器组成。样品流到流动池,每个细胞被激光光束照射,产生前向散射光和前向荧光的光信号。散射光信号被光电二极管转变成电信号,被输送给微处理器。仪器可以从散射光的强度得出测定细胞大小的资料。荧光通过滤光片滤过一定波长的荧光后,输送到光电倍增管,将光信号放大再转变成电信号,然后输送到微处理器。

2. 液压(鞘液流动)系统 反应池染色标本随着真空作用吸入鞘液流动池。为了使尿液细胞进入流动池不凝固成团,而是一个一个地通过加压的鞘液输送到流动池。鞘液形成一股涡流,使染色的样品通过流动池的中央排成单个纵列。这两种液体不相混合,这就保证尿液细胞永远在鞘液中心通过。鞘液流动机制提高了细胞计数的准确性和重复性。

3. 电阻抗检测系统 包括测定细胞体积的电阻抗系统和测定尿液导电率的传导系统。电阻抗系统产生的电压脉冲信号的强弱反映细胞的体积大小,脉冲信号的频率反映细胞数量。

电阻抗检测系统的另一功能是测量尿液的导电率。测定导电率采用电极法。样品进入流动池之前,在样品两侧各个传导性感受器接收尿液样品中的导电率电信号,并将电信号放大直接送到微处理器。这种传导性与临床使用的尿渗量密切相关。

4. 电子系统 从样品细胞中获得的前向散射光较强,光电二极管能够直接将光信号转变成电信号。从样品细胞中得到的前向荧光很弱,需要使用极敏感的光电倍增管,将放大的前向荧光转变成电信号。从样品中得到的电阻抗信号和传导性信号,被感受器接收后直接放大输送给微处理器。

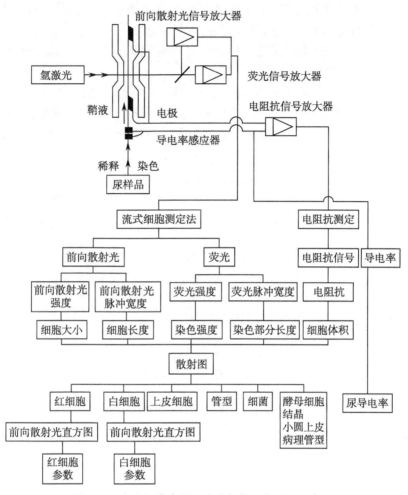

图 6-3 流式细胞术尿沉渣分析仪工作原理示意图

所有这些电信号通过波形处理器整理,再输给微处理器汇总,得出每种细胞的直方图和散射图,通过计算得出每微升各种细胞数量和细胞形态。

二、流式细胞术尿沉渣分析仪的使用方法

1. 开机自检 开启电源,仪器开始自检程序。自检无误后仪器自动清洗和进入空白校验。进入待机状态。

2. 检测质控 本底检测通过后,进行仪器质控检查。进行标本检测前,至少使用两种浓度水平的质控液进行检测,如果失控,应分析原因,重新进行测试,直至所有参数均在控,再进行以下操作。

3. 检测尿液标本 将有条码的尿液标本放置在专用试管架,再把架子放入自动进样槽,对第一个标本编号后按开始键,仪器开始进行标本检测。

4. 结果传送 检测结束,结果传送到 LIS 系统,打印结果。

5. 关机 工作结束,执行清洗和关机程序。

三、流式细胞术尿沉渣分析仪的日常维护与常见故障排除

(一)流式细胞术尿沉渣分析仪的日常维护

1. 日维护保养 每天工作结束,应用清水或中性清洗剂擦拭干净仪器表面;带起废液并用清水清洗干净废液装置；关机之前连续使用时，每24h应用清洗剂清洗仪器；检查仪器真空泵中蓄水池内的液体水平，如有液体存在，应排空。

考点提示：对流式细胞术尿沉渣分析仪进行日常维护和保养的具体操作

2. 月维护保养　仪器经过长时间工作后，需要请专业人员对旋转阀和清洁被进行清洗、保养。

（二）流式细胞术尿沉渣分析仪的常见故障排除

由于流式细胞术尿沉渣分析仪工作量大，运行强度高，因此仪器也经常容易发生一些故障。下面列举尿沉渣分析仪出现的常见故障及其处理方法（表6-3）。

表6-3　尿沉渣分析仪的常见故障及排除方法

故障现象	故障原因	排除方法
激光发射错误	1. 激光电源损坏 2. 激光头老化或损坏	1. 更换激光电源 2. 更换激光头并调整激光系统
更换染液或更换稀释液	试剂传感器板对试剂的使用状态监控出错，实际上染液和稀释液没有用完	调节电路板上的电位器，执行染液或稀释液灌洗程序
反应室温度过低	反应室内部液体外漏，导致温度保险电阻烧坏	更换温度保险电阻
自动进样器错误	1. 操作者不小心碰到试管架 2. 轨道及试管架工作台上有污垢及异物 3. 管架在移动时架底凹槽与两个黑色滚动轴承之间磨合出错	1. 执行故障复位 2. 清除异物 3. 清洁管架凹槽，检查滚动轴承是否旋转顺利
压力错误	某压力超过正常范围，正负压力泵及屏幕显示值过低	按"Error Cover"消除，如无法消除，则要调节压力，使之达到标准为止，检查相关管道有无漏气
试剂瓶错误	1. 试剂量不足 2. 浮子开关故障	1. 检查试剂量，不足则更换 2. 检查浮子开关，按"Error Cover"复位
手动方式结果偏低	1. 不吸样 2. 混匀室管道堵塞或者漏气	1. 重做标本 2. 找出管道堵塞或者漏气位置，用次氯酸钠清洗或更换管道
手动、自动结果都偏低	吸样管路、样本过滤器堵塞	将过滤器拆下用注射器或移液器加次氯酸钠冲洗，注意不要将过滤网弄破

本章小结

尿液分析是临床诊断泌尿系统和其他疾病的重要措施之一，通过对尿液进行物理学、化学和显微镜的检查，可观察尿液物理性状和化学成分的变化。

尿干化学分析仪的工作原理是尿中相应的化学成分使尿多联试带上相应试剂膜块发生颜色变化，呈色深浅与尿液中相应物质的浓度成正相关。尿干化学分析仪一般由机械系统、光学系统、电路控制系统三部分组成。为了使仪器得到很好的利用，保证结果的准确性，要对仪器进行日常维护保养,对于常见故障要懂得处理,必要时可请求仪器设备工程师协助。

流式细胞术尿沉渣分析仪的工作原理是荧光染料对尿中各类有形成分进行染色,经激光照射,根据有形成分发出的荧光强度、散射光强度及电阻抗大小,经综合分析得出细胞的信息并绘出直方图和散射图。通过分析每个细胞信号波形的特性来对其进行分类。其基本结构包括光学检测系统、液压系统、电阻抗检测系统和电子系统。由于流式细胞术尿沉渣分析仪工作量大,运行强度高,所以仪器也要经常进行保养维护,熟悉常见故障及其处理方法。

目 标 测 试

一、单项选择题

1. 下列关于尿干化学分析仪检测原理,错误的是
A. 尿液分析仪通常由机械系统、光学系统、电路系统三部分组成
B. 第一层尼龙膜起保护作用
C. 第二层绒制层中的碘酸盐层可破坏维生素 D 等干扰物质
D. 第三层是固有试剂的吸水层
E. 最后一层选取尿液不浸润的塑料片作为支持体

2. 尿干化学分析仪试剂带的结构是
A. 2 层,最上层是塑料层　　　　B. 3 层,最上层是吸水层
C. 4 层,最上层是尼龙层　　　　D. 5 层,最上层是绒制层
E. 4 层,最上层是吸水层

3. 尿干化学分析仪试剂带空白块的作用是
A. 消除不同尿液标本颜色的差异　　B. 消除试剂颜色的差异
C. 消除不同光吸收的差异　　　　D. 增强对尿标本的吸收
E. 减少对尿标本的吸收

4. 流式细胞术尿沉渣分析仪的工作原理是
A. 应用流式细胞术和电阻抗　　　　B. 应用流式细胞术和原子发射
C. 应用流式细胞术和气相色谱　　　D. 应用流式细胞术和液相色谱
E. 应用流式细胞术和原子吸收

5. 流式细胞术尿沉渣分析仪流动液压系统的作用是
A. 促进尿沉渣分离　　B. 促进液体流动　　C. 分离尿液成分
D. 分离尿液细胞　　　E. 形成鞘液流动

6. 流式细胞术尿沉渣分析仪电阻抗检测系统用来
A. 分辨细胞类型　　B. 测定细胞体积　　C. 分离尿液化学成分
D. 测定尿蛋白　　　E. 分离尿液细胞

二、简答题
1. 尿试带的结构层次和各层次的作用是什么?
2. 尿干化学分析仪的检测原理是什么?
3. 流式细胞术尿沉渣分析仪的基本原理是什么?
4. 如何对流式细胞术尿沉渣分析仪进行维护保养?

（蓝柳萍）

第七章 粪便分析仪

学习目标 ••

1. 掌握：粪便分析仪的日常维护与常见故障排除。
2. 熟悉：粪便分析仪的使用方法。
3. 了解：粪便分析仪的工作原理和基本结构。

粪便检验起源于20世纪初期，由于肠道寄生病的大肆流行，引起对寄生虫卵检查的重视，而后对粪便中其他成分的检验也逐步展开。粪便检测包括一般性状检查、显微镜检查等，隐血试验是最常用检查项目。粪便检验的自动化进程开展较晚，现在的粪便分析仪代替了传统的湿片显微镜来检验粪便中的虫卵、原虫、血细胞、隐血、轮状病毒等20多个项目，可以在取样、混匀、镜检筛选上实现高度的自动化，标本盒的密闭处理，达到无臭无污染，处理后标本分析全过程均在全封闭管道内进行，提高工作人员和工作地点的安全性，也优化了检验工作人员的工作环境。

一、粪便分析仪的工作原理与基本结构

（一）工作原理

粪便分析仪的工作原理是利用流动计数池和医学图像信息扫描技术，对粪便中的成分进行自动定位、摄像、储存。粪便分析仪从样本的采集、稀释、混匀、加样到自动保存采集图像结果、自动回收样本等都实现了全自动化。

1. 理学检测　于采集样本处设置一个摄像头，用于观察样本的性状和颜色，自动拍照留存样品性状图，图像采集时，仪器进行自动调焦并采集样本图像，通过内置条码仪扫描样品条码传入主机。

2. 形态学检测　利用内置数码显微镜和成像系统，在稀释混匀之后，仪器自动将标本吸入计数池，显微镜开始自动移动视野、焦距微调对粪便标本中有形成分进行实景采图、识别和分类计数，同时开始对镜检图像进行10~30s的摄像并储存。

3. 化学检测　金标卡滴加样本后，层析膜上的反应结果以图像方式传输到软件图像采集区，通过采集标本在各种快速检测卡上的显色图像，以自动识别方法实现对粪便隐血、轮状病毒、腺病毒和细菌学等项目的检测。

（二）基本结构

粪便分析仪由连续循环进样系统、多通道镜检系统、标本盒、金标系统、清洗系统、软件系统等组成（图7-1）。

1. 连续循环进样系统　连续循环进样系统，一次性可放50多个标本，可连续循环，标本随到随时添加，检测速度达100~180个样本/h。

图 7-1 粪便分析仪

2. 多通道镜检系统 内置全密闭高精密度显微镜,高低倍镜转换,自动上下对焦,底部平面扫描,保证视野充足,降低漏检,自动定位视野扫描技术,动态摄像,形态与图像自动识别。

3. 集卵标本盒 标本盒(图 7-2)根据流体力学原理设计,混匀过程中形成连续的分层次的"螺旋水流",既有大推力的冲浪水流也有较柔和的拍打水流。搅拌勺设计保证粪便与稀释液有效混匀,标本采集室采集粪便标本后,在标本室中加入甲醛盐水和乙酸乙酯,处理后与离心管连接,离心管自动封闭。振摇后,经过滤环过滤,大颗粒物质隔于残渣收集器,而虫卵、幼虫、包囊、细胞则通过滤孔进入离心管,经离心沉淀于底部呈浓积液。滤网由粗、细两种滤网组成,粗滤网用于过滤粪便残渣,细滤网用于集虫卵(图 7-3)。

图 7-2 标本盒

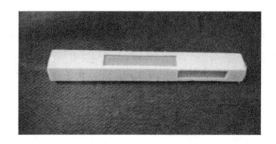

图 7-3 标本盒内置滤网

4. 金标系统 胶体金是由氯金酸($HAuCl_4$)在还原剂如白磷、抗坏血酸(维生素 C)、枸橼酸钠、鞣酸等作用下,可聚合成一定大小的金颗粒,并由于静电作用成为一种稳定的胶体状态,形成带负电的疏水胶溶液,由于静电作用而成为稳定的胶体状态,故称胶体金。胶体金在弱碱环境下带负电荷,可与蛋白质分子的正电荷基团牢固地结合,由于这种结合是静电结合,所以不影响蛋白质的生物特性。免疫金标技术主要利用了金颗粒具有高电子密度的特性,在金标蛋白结合处,在显微镜下可见黑褐色颗粒,当这些标记物在配体处大量聚集时,肉眼可见红色或粉色斑点,因而用于定性或半定量的快速免疫检测方法中。仪器自动滴加样本到金标卡的样本加样区,金标卡转盘自动旋转到图片采集区进行实验反应结果图像的采集。由专业检验人员进行结果判读并保存,系统软件有对阴阳性结果进行提示或辅助判读功能。

5. 清洗系统　配制清洗液,1瓶浓缩清洗液 + 蒸馏水至 5L 混匀使用;稀释液配制,3 瓶浓缩稀释液 + 蒸馏水至 15L,混匀使用,确保避免交叉污染。

6. 软件系统　包括自动稀释模块、高速混匀模块、采样模块、加样模块、电子目镜观察模块、操作软件模块、分析软件等模块。

二、粪便分析仪的使用方法

(一)仪器的检查

检查各种管线的连接,确认是否有管路脱落或打结,电源线是否正确插入交流插座。检查废液瓶及洗液瓶、稀释液瓶,如果洗液瓶、稀释液瓶中的液面过低,请用配制好的清洗液、稀释液将罐充满,清空废液瓶。

(二)开机

打开仪器电源开关→打开电脑开关→双击软件图标打开软件→输入用户名及登录密码。

(三)取样

使用专用标本盒取一平勺,把样品放入瓶体中,盖紧瓶盖,将装好样本的样本采集管置于样本采集管架,将样本采集管架置于自动进样位置,待检测。

(四)加试剂

在试剂卡仓盒中放入需要检测项目的对应检测卡。

(五)检测

系统录入病人基本信息,添加标本数量及检测项目,开始检测。

(六)标本处理

金标卡检测完毕后,仪器自动将废卡推入金标卡废卡仓,在金标卡废卡仓装满时,将其取出倒掉。

(七)关机

当所有的金标卡测试完毕,审核报告后,执行关机。关闭软件,按提示执行冲洗管道,结束后关闭仪器。

三、粪便分析仪的日常维护与常见故障排除

(一)粪便分析仪的日常维护

为了保证粪便检测结果的准确和可靠,必须做好仪器设备日常维护和保养,使其处于良好的工作状态。

1. 外壳清洗　应使用柔软的干布清洁仪器的外壳(包括进样托盘、冲洗液仓、金标卡箱、废卡箱等)表面,或用软布蘸中性清洁剂擦洗去除污渍,再用干软布擦干仪器表面或自然风干。对于一些狭小的缝隙,使用脱脂棉签蘸取 75% 乙醇溶液擦拭。忌用强力去污剂、有机溶剂、摩擦力较大的物质,可用肥皂液擦洗。

2. 管路的清洗　当检测样本达到 100 个以上时,为了检测的准确性和避免交叉污染,要求对管路进行清洗。

3. 仪器部件需要定期进行保养　计数池的外表需要用擦镜纸对表面的灰尘和水渍进行擦拭,利于显微镜更好地摄取图像。

4. 仪器内部的组件进行清洗和保养　需要打开外壳翻盖组件,首先用仪器配备的专用钥匙打开翻盖锁,用手将仪器面板盖翻盖扣锁按住,然后就可以将仪器的外壳翻盖掀起,用支撑条支撑。

（二）粪便分析仪的常见故障排除

1. 仪器报警内容、原因及排除方法　见表 7-1。

表 7-1　仪器报警内容、原因及排除方法

报警内容	报警原因	排除方法
报警：物镜已到达极限位置！	物镜调节焦距已经到达最底端，不可再往下调（以此防止物镜与计数池相撞）	点击"焦距粗调+"或"焦距微调+"，点击"消除报警"
报警：出样区样本满！	出样区样本采集管有4个管架	请取出，再点击"消除报警"
报警：冲洗液不足，请停止进样！	冲洗液不足	添加冲洗液，点击"消除报警"
报警：废液满，停止进样	废液桶装满	倒掉废液
报警：稀释液不足，请停止进样！	稀释液不足	添加稀释液，点击"消除报警"
报警：没有要测试的样本信息！	样本信息未入库	重新入库选择项目测试
报警：试管架没有要测试的样本！	试管架未装入样本采集管	关机，重新联机入库选择项目再测试

2. 仪器故障与排除　见表 7-2。

表 7-2　仪器故障与排除

故障现象	故障分析	排除方法
电源开关打开后，电源指示灯不亮	电源系统异常或电源电缆连接不当	检查电源系统和电缆，确保正常
样本扫描出现异常	条码未对准扫描器、条码贴歪斜	手动输入该样本编号
金标卡、卡箱位置错误	金标卡A、B卡箱装反	立即关机，正确重装金标卡与卡箱位置
管路中出现气泡	可能吸入空气	再次冲洗管路
图像视野有杂质	未冲洗干净、样本太过于黏稠有灰尘落入计数池表面	多次冲洗管路 使用擦镜纸将计数池表面的灰尘擦掉
样本采集管滑落	抓手抓取松动	点击急停按钮，取出样本采集管，样本重新检测

本章小结

　　粪便检查是三大常规检查之一，对于疾病的诊断具有极其重要的意义。粪便分析仪包括标本浓缩收集管、自动加样装置、流动计数室、显微镜、电脑控制台、可自动吸样、染色、混匀、重悬浮，通过观察粪便沉渣成分得出定量计数。粪便分析仪有效地提高粪便标本及沉渣

物的检出率,在保证检验工作质量的前提下有效减少检验者被污染的机会,形态学图像方便观察保留,图像存储功能有利于存档,为粪便常规检查的标准化分析迈出重要的一步。

目 标 测 试

一、单项选择题

1. 标本收集盒的细滤网的功能是

A. 收集细胞   B. 收集虫卵   C. 收集细菌

D. 收集残渣   E. 过滤功能

2. 清洗液的配制

A. 1 瓶浓缩清洗液 + 蒸馏水至 5L   B. 1 瓶浓缩清洗液 + 蒸馏水至 10L

C. 1 瓶浓缩清洗液 + 蒸馏水至 15L   D. 1 瓶浓缩清洗液 + 蒸馏水至 1L

E. 1 瓶浓缩清洗液 + 蒸馏水至 2L

二、简答题

1. 简述粪便分析仪的形态学检测原理。

2. 粪便分析仪的操作步骤有哪些?

（吴 妮）

第八章　免疫分析常用仪器

学习目标 ···

1. 掌握：酶免疫分析仪、化学发光免疫分析仪的日常维护与常见故障排除。
2. 熟悉：酶免疫分析仪、化学发光免疫分析仪的使用方法。
3. 了解：酶免疫分析仪、化学发光免疫分析仪的工作原理和基本结构。

　　免疫分析技术是利用抗原、抗体之间的特异性结合来测定、分析特定物质的方法。由于大部分抗原抗体反应结果不能被直接观察或定量测定，免疫分析仪器的应用越来越广泛，为疾病的诊断、治疗等提供了更准确的数据。

第一节　酶免疫分析仪

一、酶免疫分析仪的工作原理与基本结构

（一）工作原理

　　酶免疫分析仪是采用酶标记的方法测定物质含量的设备。通常酶免疫分析仪有以下几种类型：微孔板固相酶免疫分析仪（酶标仪）、半自动微孔板 ELISA 分析仪、全自动微孔板 ELISA 分析仪、管式固相酶免疫分析仪、小珠固相酶免疫分析仪和磁微粒固相酶免疫分析仪。

（二）基本结构

1. 加样系统　包括加样针、条码阅读器、样品盘、试剂架及加样台等构件，样品盘所用的微孔板多为 96 孔。
2. 温育系统　主要由加温器及易导热的金属材料构成，温育时间及温度设置，是由控制软件精确调控的。
3. 洗板系统　主要由支持板架、洗液注入针及液体进出管路等组成。
4. 判读系统　主要由光源、滤光片、光导纤维、镜片和光电倍增管组成，是最终结果客观判读的设备。
5. 机械臂系统　该系统由软件控制，可以精确实现加样针和微孔板的移动，并通过输送轨道将酶标板送入读板器进行自动比色读数。

二、酶免疫分析仪的使用方法

1. 开机　接通电源，打开酶标仪开关。
2. 运行软件　打开相应酶标仪软件，等待仪器自检结束。
3. 样品装载　将处理好的样品放在板架上，选择相应的测定程序。
4. 样品检测　检查无误后，按"开始"键，仪器对样品开始检测。

5. 结果查询传送 测定结束后,保存测定结果并打印。

6. 关机 卸载样品盘,清洗管路后退出系统然后关闭仪器。

三、酶免疫分析仪的日常维护与常见故障排除

(一)酶免疫分析仪的日常维护

1. 严格遵照仪器使用说明书对仪器进行正确操作和日常维护和保养。

2. 将待测板放入酶标仪载物台时,一定要卡牢,防止测试过程中卡板;不可用力过猛,否则可能造成载物台损坏、不能测试或影响精密度。

3. 如果仪器表面有生物危险物质污染,必须用中性消毒液清洁。

4. 如果微孔探测器有堵塞物,要及时除去。

5. 定期进行洗液管路的维护和检查,防止管路堵塞或破损。

6. 定期清洁仪器外壳以保持良好的外观,用温度适中的中性洗涤溶液浸湿柔软的布后即可擦拭。

(二)酶免疫分析仪的常见故障排除

1. 当开机报"光强过弱"时,要检查灯泡是否亮,不亮则要更换新灯泡。

2. 洗板头堵塞 卸载样品盘,重新清洗管路。

3. 加样注射器和硅胶管连接处漏水或脱落 关闭电源,重新连接管道。

4. 试剂盘错误 检查待测板是否卡牢。

第二节 化学发光免疫分析仪

化学发光免疫技术是将具有高灵敏度的化学发光技术与高特异性的抗原 – 抗体反应技术相结合,试剂安全、稳定、价廉。发光免疫分析技术及相应仪器发展十分迅速,在临床应用也越来越广泛,目前用于各种抗原、抗体、激素、酶、维生素和药物等的检测。

一、化学发光免疫分析仪的工作原理与基本结构

(一)化学发光免疫分析的基本种类

1. 化学发光免疫分析 常用标记物鲁米诺等。

2. 化学发光酶免疫分析 常用标记物有辣根过氧化物酶等。

3. 电化学发光免疫分析 常用标记物三联吡啶钌等。

4. 微粒子化学发光免疫分析 常用标记物二氧乙烷磷酸酯等。

(二)化学发光免疫分析仪的工作原理

利用化学发光现象,将发光反应与免疫反应相结合而产生的一种免疫分析方法。根据物质发光的不同特征及辐射光波长、发光的光子数、发光方向等来判断分子的属性及发光强度进而判断物质的量。

(三)常用化学发光免疫分析仪的基本结构(表8-1)

表8-1 常用化学发光免疫分析仪的基本结构

全自动化学发光免疫分析仪	全自动电化学发光免疫分析仪	全自动微粒子化学发光免疫分析仪
主机部分	控制单元	PC 主机部分
微机处理系统	核心单元	微机处理系统
	分析模块	

（四）常用化学发光免疫分析仪的性能比较（表8-2）

表8-2 常用化学发光免疫分析仪的性能比较

项目	全自动化学发光免疫分析仪	全自动电化学发光免疫分析仪	全自动微粒子化学发光免疫分析仪
测定速度	60~80个/h	>80个/h	>100个/h
最小检查量	10^{-15}g/ml	$\geqslant 10^{-15}$g/ml	$\geqslant 10^{-15}$g/ml
重复性	CV≤3%	CV≤3%	CV≤3%
样品盘	60个标本	75个或30个标本	60个标本
试剂盘	13种试剂	18种或25种试剂	24种试剂
急诊标本		均可随到随做,无需中断运行	

二、化学发光免疫分析仪的使用方法

化学发光免疫分析仪的使用方法见表8-3。

表8-3 化学发光免疫分析仪的使用

操作步骤	操作方法
开机前准备	检查水机、确保进出口通畅、表面清洁无杂物、管道无泄漏、无弯曲
开机	接通电源,打开仪器,等待仪器自检完成
工作前准备	打开分析软件,设置测量参数,放置耗材,并按要求进行质控、定标等
样品装载	将处理好的样本放入标本架,输入标本号以及检测项目
样品测定	检查无误后,按"开始"键,仪器对样品开始测试
结果查询传送	测定结束后,保存测定结果并打印
关机	卸载标本,清理废弃物,清洗管路后关闭仪器或让仪器处于待机状态

三、化学发光免疫分析仪的日常维护与常见故障排除

（一）化学发光免疫分析仪的日常维护

1. **日维护保养** 检查系统温度状态、液路部分、耗材部分、打印纸、废液罐、缓冲液等是否全部符合要求,之后再按保养程序进入清洗系统:擦洗样品针,先用75%乙醇溶液再用蒸馏水;用消毒水擦洗仪器表面保持机器外壳干净无污染。

2. **周维护保养** 检查主探针上导轨,然后按要求在主菜单下进入保养程序进行特殊清洗,清洗完毕后用酒精拭子清洁主探针上部,然后检查废液罐过滤器;检查孵育带上的感应点并用无纤维拭子擦干净。每周保养后一定要做系统检测,确保系统检测数据在控制范围内。

3. **月维护保养** 刷洗主探针、标本采样针、试剂针的内部,以清除污物。探针外部用酒精擦拭干净,然后上好针。

4. **注意事项**

（1）操作过程中要戴手套,眼睛不要正对着仪器及条码阅读器的光源,以免造成损伤。

（2）注意仪器上的各种标志,保护好自己,也保护仪器。

（3）尽量保持室内恒温、相对无尘、除湿,空调的风向不应吹向仪器表面。

（4）样品水浴及离心尽量到位，以免标本出现凝块。

（5）要有专用的仪器维护保养记录本。

（二）化学发光免疫分析仪的常见故障排除

1. 压力表指示为零　首先检查废液瓶所接的真空管，判断该故障是否因为漏气或压力表损坏引起。检查各管道的接口有无漏气，对有问题的管道要及时修复或者更换。

2. 真空压力故障　进行真空压力测试，若测试结果正常，可知是因真空传感器检测不到真空压力引起。对有问题的传感器进行调整或清洗，再次测试真空压力，压力正常后调节传感器螺丝使低、高压力指示在规定范围内。

3. 发光体错误　检查发光体表面，有无液体渗出。检查废液探针、相关管路及清洗池是否有堵塞、漏液；检查电磁阀是否有污物会引起进水或排水不畅；检查与废液探针管路相连接的碱泵清洗管路是否有漏气以及碱泵是否有裂缝。

4. 轨道错误　该故障因反应皿在轨道中错位而使轨道无法运行引起，只要取出错位的反应皿，故障即可排除。

5. 常见错误报警　如标本有凝块或标本量不够，应更换标本并重新测定。试剂量不够则更换试剂。

本章小结

酶免疫分析仪其实就是一台特殊的光电比色计或分光光度计。酶免疫分析仪是精密的光学仪器，使用时要严格按照规定程序操作。为确保酶免疫分析仪检测的准确性，应该懂得对仪器常见故障进行辨别和处理。

发光免疫技术是将发光系统与免疫反应相结合，以检测抗原或抗体的方法。利用发光免疫技术的仪器有全自动化学发光免疫仪、全自动微粒化学发光免疫分析仪、全自动电化学发光免疫分析仪等。化学发光免疫分析仪一般都由主机部分和检测系统组成，具有检测速度快、精度好、重复性高、24h 待机、条码识别系统、系统稳定等特点。使用方法简单，在使用过程中要注意维护和保养，仪器一般都有自我诊断的功能，一旦发生故障可以根据提示进行排除，但复杂的问题要联系厂家的工程师处理。

目 标 测 试

一、单项选择题

1. 酶免疫分析仪的基本原理是

A. 色谱法　　　　　　　　　B. 分光光度法　　　　　　　C. 电泳法

D. 电阻抗法　　　　　　　　E. PCR

2. 如果酶免疫分析仪表面有生物危险物质污染，适合用哪种消毒液清洁

A. 酸性消毒液　　　　　　　B. 碱性消毒液　　　　　　　C. 中性消毒液

D. 没有要求　　　　　　　　E. 酒精

3. 在化学发光免疫分析中，直接作为标记物的发光物质是

A. HRP　　　　　　　　　　　B. 金刚烷酮　　　　　　　　C. AMPPD

D. 吖啶酯　　　　　　　　　E. ALP

4. 关于电化学发光免疫分析描述错误的是

A. 在电极表面由电化学引发的特异性发光反应

B. 分析中常用间接法

C. 分析中常用直接法

D. 包括电化学和化学发光反应

E. 分析灵敏度可达 pg/ml

5. 化学发光免疫分析中,既作为直接标记物也作为底物发光物质的是

A. 鲁米诺　　　　　　　B. 三联吡啶钌　　　　　　C. AMPPD

D. 吖啶酯　　　　　　　E. ALP

6. 电化学发光免疫分析中常用的发光底物是

A. 异硫氰酸荧光素　　　　B. 鲁米诺　　　　　　C. 三联吡啶钌

D. 辣根过氧化物酶　　　　E. 碱性磷酸酶

二、简答题

1. 酶免疫分析仪待测板放入载物台时应注意什么问题?

2. 简述发光免疫分析仪的工作原理。

3. 简述化学发光免疫测定的临床应用。

（许潘健　钟芝兰）

第九章 微生物检验常用仪器

学习目标 ···

1. 掌握：自动血培养仪、自动微生物鉴定和药敏分析系统的日常维护与常见故障排除。

2. 熟悉：自动血培养仪、自动微生物鉴定和药敏分析系统的使用方法。

3. 了解：自动血培养仪、自动微生物鉴定和药敏分析系统的工作原理和基本结构。

　　随着计算机、分子生物学、微电子等技术的飞速发展，也促进了微生物检验向快速化、微机化、自动化方向发展，出现了许多自动化微生物检验系统。目前微生物检验自动化系统大致分为两大类：一是自动血培养检测系统；二是自动微生物鉴定及药敏分析系统。

第一节　自动血液培养仪

　　血液培养检查的快速和准确对由微生物感染引起疾病的诊断与治疗至关重要。现代血培养技术克服了传统上血液培养需每天观察培养瓶变化，并进行盲目转种费时、费力又阳性率不高的情况。现有许多智能型血培养系统，目前临床广泛使用的是第三代血液培养系统，即连续监测血液培养系统（continuous monitoring blood culture system，CMBCS）。

一、自动血液培养仪的工作原理与基本结构

（一）工作原理

　　自动化血培养仪的检测工作原理主要有三种：二氧化碳感受器、荧光检测技术和放射性标记物检测技术。细菌在生长繁殖过程中，会产生二氧化碳，可引起培养基中浊度、培养瓶里压力、pH、氧化还原电势等方面发生变化。利用特殊的 CO_2 感受器、压力检测器、红外线或均质荧光技术、放射性 ^{14}C 标记技术检测上述培养基中的任一变化，可以判断血液和其他体液标本中有无细菌的存在。全自动血液培养仪除了有检测系统外，还有恒温孵育系统、计算器分析系统和打印系统，当增菌培养瓶进入仪器孵育后，仪器检测探头每隔 10~15min 自动检测培养瓶一次，直到报告阳性；当培养瓶培养时间超过培养时间（如 5d）仍为阴性，仪器报告为阴性。目前，常用自动血培养系统有 BACTEC 9000 系列和 BacT/Alert3D 全自动培养检测系统。

　　1. BACTEC 9000 系列全自动血培养系统的检测原理　如果标本中存在细菌，细菌生长繁殖分解培养瓶中的营养物质产生 CO_2，CO_2 激活瓶内的荧光感应物质发出荧光，荧光信号强弱与细菌产生的 CO_2 成正比。系统内每一血培养瓶底部均有荧光探测器，每 10min 探测器会探测瓶内荧光信号的变化，经公式计算获得荧光信号参数，并以速率法、加速度法等判断血培养瓶生长细菌与否（图 9-1）。

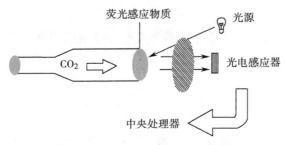

图 9-1 Bactec 系统检测原理示意图

2. BacT/Alert3D 全自动培养检测系统的工作原理 如标本中有微生物存在,则微生物在血培养瓶中生长并产生 CO_2,CO_2 透过血培养瓶底部的传感器使颜色由灰色变黄红色(见文末彩图 9-2)。检测系统中的发光二极管将光线投射到传感器上,其产生的反射光由光电二极管接收,产生的 CO_2 越多,则被反射的光就越多。将产生 CO_2 的量与血培养瓶中初始的 CO_2 水平相比较,如 CO_2 产生的速率持续增加或 CO_2 生成速率异常增高,则判断为阳性。如含分枝杆菌的标本接种 BacT/Alert MP(除血标本以外的结核培养瓶)或 MB(血液标本结核培养瓶),也可根据产生的微量 CO_2 或 CO_2 缓慢地持续变化,将其确定为阳性。如培养规定时间后 CO_2 水平没有明显变化,系统会自动报告为阴性。

(二)基本结构

1. 恒温孵育系统 设有恒温装置和振荡培养装置,依据可装培养瓶位的数量分为不同的型号,如 50、120、240 等。其组成如下:

(1)培养仪:主要包括以下几项。①电源开关。②显示屏和触摸屏。③条形码阅读器,用于装入或卸去培养瓶时扫描培养瓶上的条形码。④孵育箱。⑤内部温度监测器。⑥指示灯。⑦各种接口等。

(2)培养瓶:自动血培养系统均配有多种培养瓶,根据临床需要选用,主要有需氧培养瓶、厌氧培养瓶、小儿专用培养瓶、分枝杆菌培养瓶、中和抗生素培养瓶等。

2. 检测系统 根据检测原理不同设有相应的检测系统,由计算机控制系统,对血培养瓶实施连续、无损伤的瓶外监测。

3. 计算机及外围设备 通过条形码识别标本,收集分析培养瓶中细菌生长变化的数据,判断培养结果并发出阴性、阳性报告(包括阳性出现时间)。计算机系统还可以进行数据贮存和回顾性分析等。

二、自动血液培养仪的使用方法

自动血液培养仪型号多,各生产厂家仪器的使用方法差异较大,下面介绍仪器大致使用方法。

(一)采样

按照所用仪器使用方法规定,选取相应的血培养瓶,采集血样加入。一般每次采血量成人 5~10ml、小儿 3~5ml。采集血样后,将血液培养瓶上双条形码中的一条(条形码可撕贴)撕下来,贴在血液细菌培养申请单上。

注意:在撕贴条形码时,要核对申请单和培养瓶的信息是否一致。

(二)病人信息录入

通过电脑扫描血培养瓶上的条形码,录入病人信息,并登记好放入箱体的位置和编号(注意:培养瓶、化验单以及登记表编号要一致)。待培养完成,取出血培养瓶后,可按时间段、科室、阴性结果和阳性结果进行信息统计及打印等。

（三）置入血培养瓶

置入血培养瓶包括人工输入条形码置瓶和使用条形码扫描仪置瓶两种情况,都按仪器使用方法或按仪器的提示进行。

（四）培养

血培养仪会对置入的血液培养瓶进行自动匀速旋转培养。温度保持在 35℃±1.5℃。

（五）检测

探测头以 10min 为周期对各血液培养瓶进行动态检测,检测的信号通过信号转换和 A/D 转换系统传送给计算机分析系统。培养瓶的检测信号在主程序界面上有相应提示。

（六）报警

当系统检测到阳性瓶时,会及时报警,并在主程序界面上的培养瓶位置号上有相应提示,可以取出培养瓶,转种培养皿,进行其他分析实验。若血培养瓶持续培养 5d,未发现微生物生长,将报告为阴性并报警,主程序界面上相对应的位置有提示,可以取出培养瓶。但阴性瓶在取出后,均应及时转种,预防仪器误报。

（七）取出培养瓶

有人工输入条形码取瓶和使用条形码扫描仪取瓶两种方法。

三、自动血液培养仪的日常维护与常见故障排除

（一）日常维护

> 考点提示:
> 自动血培养仪
> 的日常维护及
> 常见故障处理

1. 保持实验室干燥和洁净,温度恒定。

2. 常规清洁　用湿毛巾擦拭仪器表面,再用完全干燥的毛巾擦拭干净。

3. 每隔 1 周用清水清洗仪器左右两侧的空气过滤器;每隔 1 个月清洁仪器周围的灰尘,除去仪器内的纸屑等杂物;每隔 2 个月检查仪器内探测器是否洁净,如需要清洁,可使用干棉签清洁。

4. 每半年检查稳压电源的输出电压是否正常。

5. 停电的处理　请将仪器电源开关关闭,等来电后,重新开启仪器电源开关。

6. 如遇无法排除的故障报警,可将仪器电源关闭,3min 后重新开启电源开关即可。

（二）常见故障排除

1. 温度异常（过低或过高）　需经常对自动血液培养仪的温度进行核实,使培养仪的工作温度保持在正常的范围内。如温度出现异常,多由仪器门开关过于频繁引起,应尽量减少培养仪门开关次数,并确保其可靠地关闭。通常培养仪的门要关闭 30min 后才能保持温度的平衡。

2. 仪器表面或瓶孔被污染　如果培养仪内的培养瓶破裂或培养液泄漏,仔细检查泄漏的程度,并用 5% 含氯消毒剂经 20 倍稀释后进行消毒,让物体表面与漂白液充分接触 15~30min,然后用湿毛巾擦拭,再用完全干燥的毛巾擦拭干净。

3. 数据管理系统与培养仪失去信息联系或不工作　按照各仪器的要求进行恢复。

4. 仪器对测试中的培养瓶出现异常反应　按照各仪器的使用说明进行校正。

5. 其他方面的故障　由专业人员进行维修。

第二节　自动微生物鉴定和药敏分析系统

在临床治疗过程中需要快速准确地检测出感染性疾病的致病菌种类,以便进行有针对性治疗。传统微生物学鉴定方法操作烦琐,费时费力且易因主观因素的影响而引起错误。20 世纪 70 年代以后,随着微生物学和信息技术发展,逐步发明了许多微量快速培养基、微量生化反应系统和自动化检测系统,取代了原来的手工操作,实现了微生物鉴定自动化和机械化。

目前普遍使用的自动微生物鉴定和药敏分析系统的主要功能包括微生物鉴定、抗菌药物敏感性试验(AST)及最低抑菌浓度(MIC)的测定等,检测结果的准确性和可靠性已明显提高,可满足临床微生物实验室、卫生防疫和商检系统的检测需求。

一、自动微生物鉴定和药敏分析系统的工作原理与基本结构

自动化微生物鉴定及药敏分析系统的工作原理因仪器不同而略有差异。该系统结合微生物数值编码技术、比色技术和荧光检测技术自动对数据进行处理分析得出结果。

（一）工作原理

1. 微生物鉴定原理　目前国内有关细菌鉴定和药物敏感试验的商品试剂和设备有 API (Analysis Products Incorporation)鉴定系统、ATB(Authoritative Typical Broad)细菌鉴定和药敏系统、VITEK 系列等自动化细菌鉴定和药敏系统,原理如下:

（1）微生物数码鉴定原理:数码鉴定是指通过数字化的编码技术将细菌生化反应转换成数值,将一系列生化反应每 1~3 个组成一组,并分别计算每组生化反应的阳性数值之和,获得一组数值,即为细菌的生物编码,通过查阅数据库或编码检索本,获得生物编码对应的细菌名称。

（2）光电比色技术:微生物自动鉴定系统微量培养基载体是配套的鉴定板卡,每张鉴定板卡包含 30~40 余项生化反应,仪器采用光电比色法测定细菌分解底物所致 pH 改变或由于细菌生长而引起透光度变化,以变化百分率作为判断每项生化反应变量值。在鉴定卡上设置生长对照孔的终点阈值,系统每间隔一定时间对卡片每一反应孔进行读数,获得待检菌生化反应谱和生物编码。但均不能作为最终的鉴定,只有当卡片生长对照孔到达终点阈值时,才能获得最后的鉴定结果。比色方法的优点是稳定,产色程度与细菌代谢相关性好,但速度稍慢于荧光方法。

（3）荧光测定技术:将荧光物质均匀地混在培养基中,接种待检菌到鉴定板卡,细菌生长会导致底物 pH 改变、代谢产物生成及荧光底物水解,连续动态监测鉴定板卡反应孔颜色和荧光强度,获得待检菌数据,由数据管理系统获得待检菌类型。荧光标记底物的优点是反应敏感、速度快、报告速度也快。但由于荧光物质不稳定,不易确定固定阈值,因而造成结果存在误差和结果不稳定。

● **知识链接** ●

质谱技术简介

将待测物离子化,然后利用离子在电场或磁场中的运动性质,把离子按质量／电荷比大小排列成谱,此为质谱(mass spectrometry, MS)。质谱用于鉴定细菌的基本原理是利用蛋白组学技术,根据不同种细菌蛋白分子质量不同,首先将待测细菌全蛋白离子化,然后利用离子在电场或磁场中的运动性质,把离子按质量／电荷比大小排列成不同的细菌指纹图谱,不同种细菌具有不同的图谱特征,以此将细菌分类鉴定。用质谱技术对微生物进行鉴定,是微生物鉴定技术发展的一个新里程,有人预言质谱技术将取代传统生化鉴定法,成为临床微生物实验室进行微生物鉴定的主要技术。

2. 抗菌药物敏感性实验检测原理 自动化抗菌药物敏感性实验使用药敏测试板（卡）进行测试,其实质是微型化肉汤稀释实验,应用比浊原理和荧光法进行检测。基本原理是将抗菌药物微量稀释在条孔或条板中,加入细菌悬液孵育后放入仪器,或在仪器中直接孵育,仪器每隔一定时间自动测定细菌生长浊度,观察细菌生长情况。得出待检细菌在各药物浓度生长率,经回归分析得出 MIC 值,并根据美国临床和实验室标准协会（CLSI 标准）得到相应敏感度:敏感 "S"、中介 "M" 和耐药 "R"。

（二）基本结构

虽然各类型自动化微生物鉴定及药敏分析系统原理和功能不尽相同,结构和性能亦有差异,但基本都是由系统主机（包括孵育箱、检测箱、废卡接收箱、真空充填室、封口机、显示器等）、测试卡（板）、条码扫描器、比浊仪、培养和监测系统、计算机数据管理系统等部分以不同形式组合而成。

目前临床全自动微生物和药敏系统有 VITEK 系列,VITEK-60、VITEK-32、VITEK-2 和 VITEK-2 Compact 等。

1. 鉴定 / 药敏卡 是系统的工作基础,不同的鉴定 / 药敏卡具有不同的功能。最基本的鉴定 / 药敏卡包括革兰氏阴性菌鉴定卡、革兰氏阳性菌鉴定卡、奈瑟菌 / 嗜血杆菌鉴定卡、革兰氏阴性菌药敏卡和革兰氏阳性菌药敏卡,使用时应根据涂片和革兰氏染色结果进行选择。另外,有些系统还配有鉴定厌氧菌、酵母菌、需氧芽孢杆菌、李斯特菌、弯曲菌等菌种的特殊鉴定卡及多种不同菌属的药敏卡。

2. 培养和监测系统 鉴定 / 药敏卡接种菌液后即可放入孵育箱中进行培养和监测。一般在鉴定 / 药敏卡放入孵育箱后,监测系统要对鉴定 / 药敏卡进行初次扫描,并将各孔的检测数据自动储存起来作为对照。监测系统每隔一定时间对每孔透光度或荧光物质变化进行检测。有些通过比色法测定的鉴定 / 药敏卡经适当孵育后,某些测试孔需添加试剂,此时系统会自动添加,并延长孵育时间。快速荧光测定系统可直接对荧光鉴定 / 药敏卡各孔中产生荧光进行检测。系统将检测所得数据与数据库里数据比较,并参照初次扫描的对照值数据,推断出菌种类型及药敏结果。

3. 数据管理系统 负责数据转换及分析处理。它控制孵育箱温度及一些外围设备正常运行,并自动计时读数;始终保持与孵箱 / 读数器、打印机的联络,收集记录、储存和分析数据。当反应完成时,计算机可根据需要自动打印报告单。当系统出现故障时会自动报警指令。系统还借助其强大的运算功能,对菌种发生率、菌种分离率、抗菌药物耐药率等项目进行流行病学统计。有些仪器还配有专家系统,可对药敏试验结果提示有何种耐药机制存在,其"解释性"判读有一定的参考价值。

二、自动微生物鉴定和药敏分析系统的使用方法

自动微生物鉴定和药敏分析系统型号众多,使用方法有异,基本的操作步骤主要有:

（一）鉴定 / 药敏卡准备

按不同细菌或革兰氏染色结果选用相应测试板,有些还要求在相应位置上涂氧化酶、触酶凝固酶及 β 溶血标记。

（二）配制菌液

考点提示:
药敏试验菌液配制的浓度

不同鉴定 / 药敏卡对菌液浓度的要求不同,有些要求细菌悬液浓度是 0.5 麦氏单位,有些是 1.8~3.3 麦氏单位。配制的细菌悬液浓度应在浊度仪上测试确认。

（三）接种菌液及封口

应用菌液接种器在规定时间内接种,完成后用封口切割器或专用配件进行封口。

（四）孵育和测试

封口后的鉴定/药敏卡放到孵育箱或读数器中,仪器会按程序检测测试卡。

（五）输入病人流行病学及标本资料

按主菜单要求输入病人流行病学及标本资料。

（六）自动打印报告

测试卡完成鉴定和药敏测试后,系统可自动打印病人实验报告单。

三、自动微生物鉴定和药敏分析系统的日常维护与常见故障排除

（一）日常维护

1. 温度适宜,避免强光直射,房间通风良好。

2. 严格按操作手册进行开、关机及各种操作,防止操作错误造成设备损伤和信息丢失。

3. 清洁废卡收集箱、填充仓比浊仪、光学读数头、孵育架、载卡架、仪器外表及各种传感器,避免灰尘影响结果的准确性。

4. 建立仪器保养程序,确保仪器正常工作,如:①每天检查及清洁仪器主机及附件表面,确保无污染。②每天检查及清洁切割机口。③每月检查、清洁标本架,有损坏及时更换。④每6个月对仪器进行全面维护保养一次。⑤定期由工程师做全面保养,及时排除故障隐患。

5. 定期对比浊仪进行校正。

6. 用质控菌株测试各种鉴定/药敏卡,并做好质控记录。

7. 建立仪器使用以及故障和维修记录,记录每次使用情况和故障的时间、内容、性质、原因和解决办法。

（二）故障排除

自动微生物鉴定和药敏分析系统为复杂精密仪器,出现故障应及时报告微生物室负责人并联系厂家技术人员处理。

本章小结

自动血液培养系统主要功能是快速和准确检测标本中是否有微生物存在,其检测原理主要有二氧化碳感受器、荧光检测技术和放射性标记物检测技术。细菌在生长繁殖过程中,会产生二氧化碳,可引起培养基中浊度、培养瓶里压力、pH、氧化还原电势等方面发生变化。利用特殊的 CO_2 感受器、压力检测器、红外线或均质荧光技术、放射性 ^{14}C 标记技术检测上述培养基中的任一变化,可以判断血液和其他体液标本中有无细菌存在。常用的自动血培养系统有 BACTEC 9000 系列和 BacT/Alert3D 全自动细菌、分枝杆菌培养检测系统。自动血液培养仪使用要注意日常维护,出现故障处理要及时。

自动微生物鉴定和药敏分析系统主要功能是分离鉴定微生物,同时进行抗菌药物敏感性试验。该系统结合微生物数值编码鉴定技术、光电比色技术、荧光检测技术,自动对数据进行处理分析,得出微生物鉴定最后结果。抗菌药物敏感性试验使用药敏测试卡进行检测,其实质是微型化肉汤稀释试验,应用比浊原理和荧光检测,仪器每隔一定时间自动测定细菌生长浊度,观察细菌生长情况。测出待检菌对相应药物 MIC 值,并根据 CISI 标准得到相应敏感度。

目 标 测 试

一、单项选择题

1. BACTEC 9000 系列全自动血培养系统通常采用的原理是

A. 放射性标记　　　　　B. 光电检测　　　　　C. 荧光增强检测

D. 测压　　　　　E. 测导电性

2. 微生物自动鉴定系统的工作原理是

A. 荧光检测原理　　　　　B. 化学发光原理

C. 光电比色原理　　　　　D. 微生物数码鉴定原理

E. 结合光电比色技术、荧光检测技术和微生物数值编码鉴定技术

3. 自动化抗菌药物敏感性实验的实质是

A. 肉汤法　　　　　B. 琼脂稀释法　　　　　C. K–B 法

D. 微型化肉汤稀释试验　　　　　E. 扩散法

4. 自动化抗菌药物敏感性试验主要用于测定

A. MIC　　　　　B. MBC　　　　　C. 抑菌圈

D. MIC90　　　　　E. MIC50

5. 通常自动血培养仪门要关闭多长时间后才能保持温度平衡

A. 10min　　　　　B. 30min　　　　　C. 1h

D. 2h　　　　　E. 3h

6. 自动微生物鉴定和药敏分析系统故障维修由谁负责

A. 计算机程序员　　　　　B. 电工师傅　　　　　C. 检验室工作人员

D. 科室主任　　　　　E. 专业维修人员

二、简答题

1. 自动血培养仪的日常维护如何进行? 温度异常如何处理?

2. 简述自动微生物鉴定和药敏分析系统的日常保养程序。

（王红梅）

参 考 文 献

［1］王迅. 检验仪器使用与维修［M］. 北京：人民卫生出版社，2016.

［2］曾照芳，洪秀华. 临床检验仪器［M］. 北京：人民卫生出版社，2007.

［3］朱险峰. 医用常规检验仪器［M］. 北京：科学出版社，2014.

［4］艾旭光，姚德欣. 生物化学及检验技术［M］. 3版. 北京：人民卫生出版社，2017.

［5］林筱玲. 医学检验技术综合实训［M］. 北京：人民卫生出版社，2017.

［6］熊立凡. 临床检验基础［M］. 4版. 北京：人民卫生出版社，2010.

［7］蒋雁. UF-100全自动尿沉渣分析仪的维护与故障排除［J］. 医疗卫生装备，2007，28（1）：88-89.

［8］余世准，陈绵康，鲍俊成. UF-100尿沉渣分析仪的常见故障排除5例［J］. 医疗卫生装备，2013，34（5）：144-145.

［9］蒋长顺. 医用检验仪器应用与维护［M］. 2版. 北京：人民卫生出版社，2018.

［10］樊绮诗，钱士匀. 临床检验仪器与技术［M］. 北京：人民卫生出版社，2017.

［11］郑芳. 临床检验仪器与技术学习指导与习题集［M］. 北京：人民卫生出版社，2017.

［12］钟禹霖. 免疫学检验技术［M］. 3版. 北京：人民卫生出版社，2016.

［13］尚红，王毓三，申子瑜. 全国临床检验操作规程［M］. 4版. 北京：人民卫生出版社，2015.

［14］叶应妩，王毓三，申子瑜. 全国临床检验操作规程［M］. 3版. 南京：东南大学出版社，2006.

［15］杨拓. 临床检验［M］. 北京：中国中医药出版社，2013.

［16］刘成玉，罗春丽. 临床检验基础［M］. 5版. 北京：人民卫生出版社，2012.

［17］罗春丽. 临床检验基础［M］. 3版. 北京：人民卫生出版社，2010.

［18］刘人伟. 检验与临床［M］. 北京：化学工业出版社，2002.

［19］张秀珍，朱德姝. 临床微生物检验问与答［M］. 北京：人民卫生出版社，2017.

参 考 答 案

第一章　绪　论

单项选择题

1. B　2. A　3. B　4. D　5. C

第二章　常用实验室仪器

一、单项选择题

1. C　2. B　3. A　4. E　5. E　6. E　7. B　8. C　9. A　10. C

二、简答题

1. 答：移液器的工作原理是依据胡克定律,在一定的限度内活塞通过弹簧的伸缩运动来实现吸液和放液。在活塞推动下,排出部分空气,利用大气压吸入液体,再由活塞推动空气排出液体。

2. 答：(1) 离心机必须水平放置坚固台面,通风,防尘,防潮。

(2) 离心机外壳保持清洁干燥,可用干 / 湿布擦洗,可用中性洗涤剂。

(3) 离心机严禁不加转头空转。

(4) 平衡且对称放置离心管。

(5) 离心管不能过多装载溶液。

(6) 离心过程中,出现异常声音应立即停机检查。

(7) 离心室内应保持清洁干燥。

(8) 转头是离心机中需重点保护部件,每次使用前要严格检查孔内是否有异物和污垢,以保持平衡;其他型号的转头勿混用。

(9) 不要使用过期、老化、有裂纹或已腐蚀的离心管,控制塑料离心管的使用次数,注意型号配套。

(10) 3个月应对主机校正一次水平度,平时不用时,应每月低速开机 1~2 次,每次 0.5h,保证各部位正常运转。

(11) 禁止离心机上放置有液体的容器,倘若容器打翻,液体可能进入离心机并锈蚀伤其机械部位或电气部件。

3. 答：(1) 插上电源后显示屏不亮。

1) 检查电源是否是 220V 电源。

2) 检查保险丝是否熔断,如果已熔断,要更换新的保险丝。

3) 检查电源线是否松动,如果松动,需调整。

(2) 开机后震动大。

1) 转头(转子)内离心管重量不平衡,放置不对称。

2）离心管破裂。

3）转子未旋紧或转子本身损伤。

4）减震部分损坏。

（3）显示屏显示"0000"，按启动键机器不运转。

1）线路板或变压器损坏，需更换。

2）控制系统接插件松动，需重新插紧。

3）按键损坏，更换面板。

4）电机损坏或漏电，更换电机。

（4）能运转但速度上不去，仪器有怪声或有异味：控制系统或电机故障，须送厂家维修。

4. 答：（1）通电前，先检查干燥箱的电器性能，并应注意是否有断路或漏电现象，待一切准备就绪，可放入试品，关上箱门，旋开排气阀，设定所需要的温度值。

（2）打开电源开关，烘箱开始加热，随着干燥箱温度上升，温度指示仪显示温度值。当达到设定值时，烘箱停止加热，温度逐渐下降；当降到设定值时，烘箱又开始加热，箱内升温，周而复始，可使温度保持在设定值附近。

（3）物品放置箱内不宜过挤，以便冷热空气对流，不受阻塞，以保持箱内温度均匀。

（4）观察试样时可开启箱门观察，但箱门不宜常开，以免影响恒温。

（5）试样烘干后，应将设定温度调回室温，再关闭电源。

5. 答：光学显微镜的结构包括光学系统和机械系统两部分。光学系统包括物镜、目镜、聚光镜及光圈等。机械系统主要由镜座、镜臂、载物台、镜筒、物镜转换器和调节装置等部分组成。

6. 答：（1）注意电源工作电压波动范围，一般不得超过 ±10%，电源不要短时频繁开关。

（2）保持环境清洁卫生，防尘、防晒、防潮湿，光学表面不可用手触摸以免污染，只能用擦镜纸擦拭，以免磨损镜头。

（3）搬动和运输显微镜时一定要一手握住镜臂，另一手托住底座，做到轻拿轻放，避免剧烈震动。

（4）观察时，不能随便移动显微镜位置，显微镜使用间歇要注意调低照明亮度。

（5）转换物镜镜头时，只能转动转换器，不要转动物镜镜头。

（6）不可把标本长时间留放在载物台上，特别是有挥发性物质时更应注意。

（7）不得任意拆卸显微镜零件，严禁随意拆卸物镜镜头，以免损伤转换器螺口或致螺口松动。

（8）用毕送还前，必须检查物镜镜头上是否沾有水或试剂，如有则要擦拭干净，并且要把载物台擦拭干净，然后将显微镜放入箱内，并注意锁箱。

（9）暂时不用的显微镜要定期检查和维护。

7. 答：光学显微镜的常见故障主要为光学故障和机械故障两种。

（1）常见光学故障

1）镜头成像质量降低。

2）双像不重合。

3）双目显微镜中双眼视场不匹配。

4）视场中的光线不均匀。

5）视场中有污物。

6）图像模糊不清。

（2）常见机械故障及排除

1）粗调螺旋太紧。

2）粗调螺旋自动下滑。

3）升降时手轮梗跳。

4）物镜转换器故障。

5）微调装置故障。

6）调焦后图像不清晰。

8. 答：高压蒸汽灭菌器的工作原理，是在密封的筒体内加热水产生蒸汽，随着蒸汽不断增加，压力升高，温度也随之升高。当压力达到 103.4kPa（15psi 或 1.05kg/cm^2）时，器内温度高达 121.3℃，在此温度压力下维持 15~30min，可杀灭包括芽孢在内的所有微生物，从而达到灭菌的目的。

9. 答：（1）操作前用 75% 乙醇溶液擦拭所需移入物品表面，一次性把物品全部移入安全柜里，不可过载。

（2）生物安全柜内不放与本次操作无关的物品。柜内物品不得挡住气道口，应尽量靠后放置，以免干扰气流正常流动。物品摆放应做到分区明确且无交叉，对有污染的物品要尽可能放到工作区域后面操作。

（3）在操作期间，避免移动材料，避免操作者的手臂在前方开口处移动。

10. 答：（1）操作结束后必须对安全柜工作室进行清洗与消毒。定期进行前玻璃门及柜体外表的清洁工作。

（2）预过滤器使用 3~6 个月，应拆下清洗。高效过滤器一般使用 18 个月，到期后应及时更换，一旦损坏，应及时请专业人员更换。

（3）做好使用记录。

第三章　紫外－可见分光光度计

一、单项选择题

1. B　2. C　3. B

二、简答题

1. 答：紫外－可见分光光度计对物质进行定量分析的依据是朗伯－比尔定律，表述为：当一束平行的单色光通过均匀、无散射的吸光物质的溶液时，在入射光的波长、强度及溶液的温度等条件不变的情况下，该溶液的吸光度（A）与物质的浓度（c）和液层的厚度 L 的乘积成正比。用公式表示为：

$$A=KcL$$

在一定条件下，K 为常数，称为吸光系数。

2. 答：紫外－可见分光光度计基本结构由光源、单色器、吸收池、检测器和信号显示系统五个主要部件组成。

3. 答：光栅是依据光的衍射和干涉原理制成的。

第四章　生化检验常用仪器

一、单项选择题

1. D　2. C　3. B　4. E　5. B　6. C　7. D　8. B

二、简答题

1. 答:(1)零点漂移。可能是光源强度不够或不稳定,需要更换光源或检修光源光路。

(2)所有检测项目重复性差。可能是注射器或稀释器漏气导致样品或试剂吸量不准;搅拌棒故障导致样品与试剂未能充分混匀。需要更换新垫圈;检修搅拌棒工作使其正常。

(3)样品针或试剂针堵塞。可能是血清分离不彻底/试剂质量不好,需要彻底分离血清/更换优质试剂并疏通清洗样品针。

(4)样品针或试剂针运行不到位。可能是因为水平和垂直传感器故障,需要用棉签蘸无水乙醇仔细擦拭传感器;如因传感器与电路板插头接触不良引起,可用砂纸打磨插头除去表面氧化层。

(5)探针液面感应失败。可能原因是感应针被纤维蛋白严重污染导致其下降时感应不到液面,用去蛋白液擦洗感应针并用蒸馏水擦洗干净。

2. 答:电解质分析仪的整个液体管路从血液进入采样针到废液从废液管末端排出,易堵塞的地方主要有采样针与空气检测部分、电极腔前段与末端部分、混合器部分以及泵管和废液管这四部分。解决方法:直接用清洗液进行管路冲洗保养,如不达目的,可将堵塞部分拆下,用 NaClO 溶液浸泡或用注射器注入 NaClO 溶液反复冲洗,通畅后再用蒸馏水冲洗干净装回即可。

3. 答:(1)工作前的维护保养。血气分析仪开机工作前,首先观察电源电压是否符合要求;其次观察增湿器的水位是否到位(可用蒸馏水调整);检查有关定标液是否使用过长时间(一般以 20d 为限);然后还要检查缓冲液、参比电极液、冲洗水是否足够,如量少则需更换。用过的但没用完的液体不要倒入新的液体以免对新的液体造成不良影响;废液瓶的废液过多时要及时清除。

(2)电极保养

1)pH 电极保养:用浸有无水乙醇或 75% 异丙醇的纱布包,轻轻地以圆周动作擦洗 pH 电极顶端,以除去污积在电极上的脂类和蛋白质,直至顶端明亮发光为止。

2)PCO₂ 电极保养:卸下血气分析仪电极罩,将 PCO₂ 电极浸泡在装有 KOH 溶液、底部垫有纱布的烧杯里,要注意不能让 KOH 溶液流入电极内部,否则会毁坏电极内部基准电线。浸泡 5min 左右取出,用蒸馏水冲洗干净,更换电极液后换上电极膜即可。

3)PO₂ 电极保养:卸去血气分析仪电极罩后,在纱布上涂上 PO₂ 电极清洁膏,滴上数滴蒸馏水,然后将纱布放在手掌心,将 PO₂ 电极顶端垂直后与电极膏、纱布接触并做转动摩擦,除去电极噪声银沉积物。然后用蒸馏水冲洗电极除去电极膏,再用 PO₂ 电极液冲洗电极,最后换上电极膜套及电极膜。

4)参比电极的保养:参比电极漂移或不稳定常是由于电极液 KCl 不饱和或摩尔浓度未达到,其盐桥作用发生变化。首先观察血气分析仪电极内有无 KCl 结晶,如果没有,要及时加入纯的 KCl 粉剂适量,再加入去离子水至满,装回电极罩拧紧,擦去电极罩外的水分,同时擦除电极腔内的 KCl 和水分,最后装回参比电极。

4. 答:在管路系统的负压抽吸作用下,样品血液被吸入毛细管中,与毛细管壁上的 pH 参比电极、pH、PO_2、PCO_2 四只电极接触,电极将测量所得的各项参数转换为各自的电信号,这些电信号经放大、模数转换后送达仪器的微机,经运算处理后显示并打印出测量结果,从而完成整个检测过程。

5. 答:溶液的 pH 决定了带电质点的解离程度,也决定了物质所带电荷的多少。对蛋白质、氨基酸等两性电解质而言,pH 离等电点越远,颗粒所带的电荷越多,电泳速度也越快。反之,则越慢。

6. 答:电泳是指带电荷的溶质或粒子在电场中向着与其本身所带电荷相反的电极移动的现象。利用电泳现象将多组分物质分离、分析的技术叫作电泳技术。

第五章　血液细胞分析仪

一、单项选择题

1. D　2. C　3. C　4. C　5. E　6. D　7. E　8. E　9. B　10. D　11. A　12. B

二、简答题

1. 答:血细胞与等渗的电解质溶液(稀释液)相比为不良导体,其电阻值比稀释液大;当血细胞通过检测器微孔的孔径感受区时,使其内外电极之间的恒流电路上的电阻值瞬间增大,产生一个电压脉冲信号,脉冲信号数等于通过的细胞数,脉冲信号幅度大小与细胞体积成正比。该原理称电阻抗血细胞检测原理或库尔特血细胞检测原理。

2. 答:(1) 容量、电导、光散射联合检测技术。

(2) 光散射与细胞化学技术联合白细胞分类计数。

(3) 电阻抗与射频技术联合白细胞分类计数。

(4) 多角度偏振光散射白细胞分类技术。

第六章　尿液检验常用仪器

一、单项选择题

1. C　2. C　3. A　4. A　5. E　6. B

二、简答题

1. 答:见文中表 6-1 尿干化学试带多层膜结构及其主要作用。

2. 答:尿中相应的化学成分使尿多联试带上相应试剂膜块发生颜色变化,呈色深浅与尿液中相应物质的浓度呈正相关。将试带置于尿干化学分析仪的检测槽,各膜块依次受到仪器特定光源照射,颜色及其深浅不同,对光的吸收反射也不同。仪器将不同强度的反射光转换为相应的电信号,其电流强度与反射光强度呈正相关,结合空白和参考膜块经计算机处理校正为测定值,最后以定性和半定量的方式报告检测结果。

3. 答:应用流式细胞术和电阻抗的原理。当一个尿液标本被稀释并经染色液染色后,靠液压作用通过鞘液流动池。当反应样品从样品喷嘴出口进入鞘液流动室时,被一种无粒子颗粒的鞘液包围,使每个细胞以单个纵列的形式通过流动池的中心(竖直)轴线,在这里每个尿液细胞被氩激光光束照射。每个细胞有不同程度的荧光强度、前向散射光强度和电阻抗的大小。仪器正是将这种荧光、散射光等光信号转变成电信号,并对各种信号进行分析,最后得到每个尿液标本的直方图和散射图。通过分析这些图形,即可区分每个细胞并得出有关细胞的形态。

仪器通过对前向散射光波形、前向荧光波形和电阻抗值的大小综合分析,得出细胞的信息并绘出直方图和散射图。仪器通过分析每个细胞信号波形的特性来对其进行分类。前向散射光信号主要反映细胞体积的大小,前向荧光信号主要反映细胞核的大小。

4. 答:(1)机房内应保持清洁干燥,室内温度和湿度不要超过仪器的使用要求。

(2)保持进样针和混匀室清洁:进样针可用无水乙醇经常擦拭。每天关机前,取1~3个空试管,加入清洁液次氯酸钠,按照自动进样进行操作,这样可以除去混匀室的沉积物。

(3)月维护保养:仪器经过长时间工作后,需要请专业人员对旋转阀和清洁被进行清洗、保养。

第七章　粪便分析仪

一、单项选择题

1. B　2. A

二、简答题

1. 答:利用内置数码显微镜和成像系统,在将稀释混匀之后,仪器自动将标本吸入计数池,显微镜开始自动移动视野、焦距微调对粪便标本中有形成分进行实景采图、识别和分类计数,同时开始对镜检图像进行10~30s的摄像并储存。

2. 答:检查仪器—开机—取样—加试剂—检测—标本处理—关机。

第八章　免疫分析常用仪器

一、单项选择题

1. B　2. C　3. D　4. B　5. A　6. C

二、简答题

1. 答:将待测板放入酶标仪载物台时,一定要卡牢,防止测试过程中卡板;不可用力过猛,否则可能造成载物台损坏、不能测试或影响精密度。

2. 答:利用化学发光现象,将发光反应与免疫反应相结合而产生的一种免疫分析方法。根据物质发光的不同特征及辐射光波长、发光的光子数、发光方向等来判断分子的属性及发光强度进而判断物质的量。

3. 答:目前应用于临床的主要有以下几个方面。

(1)甲状腺系统:检测总T_3、总T_4、游离T_3、游离T_4、促甲状腺素、超敏促甲状腺素、T_3量等。

(2)性腺系统:检测绒毛膜促性腺激素、泌乳素、雌二醇、雌三醇、卵泡刺激素、促黄体生成素、孕酮、睾酮等。

(3)血液系统:检测维生素B_{12}、叶酸、铁蛋白等。

(4)肿瘤标记物:检测AFP、CEA、CA15-3、CA125、CA19-9等。

(5)心血管系统:检测肌红蛋白、肌钙蛋白、肌酸激酶-MB等。

(6)血药浓度:检测地高辛、苯巴比妥、苯妥英、茶碱、万古霉素、庆大霉素、洋地黄、马可西平等。

(7)感染性疾病:检测抗-HAV、抗HAV-IgM、HBsAg、抗-HBc、抗-HBs、抗-HBe、HBeAg、抗-HCV等。

(8)其他:检测IgE、血清皮质醇、尿皮质醇、尿游离脱氧吡啶等。

第九章　微生物检验常用仪器

一、单项选择题

1. C　2. E　3. D　4. A　5. B　6. E

二、简答题

1. 答：一般日常维护和保养有：

（1）保持实验室干燥和洁净,温度恒定。

（2）做好常规清洁,定期清洗,保持洁净。

（3）每半年检查稳压电源的输出电压是否正常。

（4）如遇停电,请将仪器电源开关关闭,等来电后,重新开启仪器电源开关。

（5）如遇无法排除故障报警,可将仪器电源关闭,3min后重新开启电源开关即可。

温度异常（过低或过高）处理:需经常对自动血液培养仪温度进行核实,使培养仪的工作温度保持在正确的范围内。如温度出现异常,多由仪器门开关过于频繁引起,应尽量减少培养仪门开关次数,并确保其可靠地关闭。通常培养仪的门要关闭30min后才能保持温度平衡。

2. 答:（1）每天检查及清洁仪器主机及附件表面,确保无污染。

（2）每天检查及清洁切割机口。

（3）每月检查、清洁标本架,有损坏及时更换。

（4）每6个月对仪器进行全面维护保养一次。

（5）定期由工程师做全面保养,及时排除故障隐患。

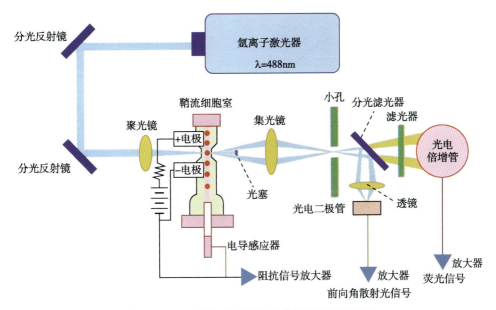

彩图 6-4　流式细胞术尿沉渣分析仪结构示意图

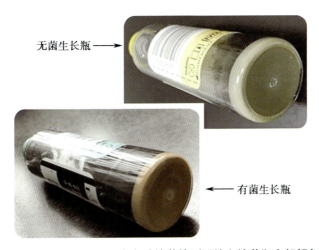

彩图 9-2　Bactec/Alert3D 全自动培养检测系统血培养瓶底部颜色变化

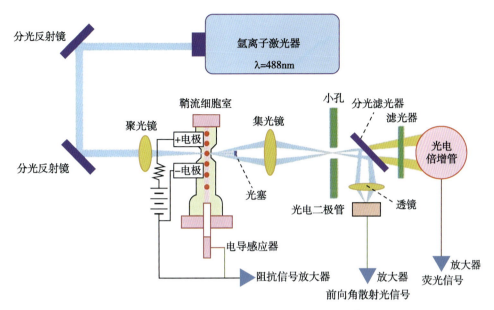

彩图 6-4　流式细胞术尿沉渣分析仪结构示意图

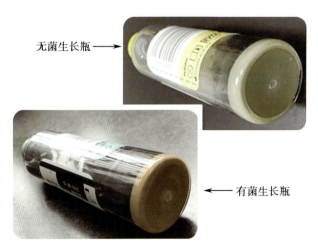

彩图 9-2　Bactec/Alert3D 全自动培养检测系统血培养瓶底部颜色变化